물리학자는 영화에서 과학을 본다

일러두기

■ 이 책에서 다루고 있는 영화 제목은 한국에서 개봉 당시, 혹은 소개될 당시의 제목을 기준으로 표기하였습니다. 따라서 외래어표기법에 따른 표기와 다를 수 있습니다.

정재승 지음

물리학자는
영화에서
과학을
본다 정재승의 시네마 사이언스

개정판

어크로스

영화 속 숨은 과학 찾기

삶에서 잊을 수 없는 순간들이 자주 찾아오는 것은 아니지만, 《물리학자는 영화에서 과학을 본다(1999)》 출간 무렵 서문을 쓰던 순간은 종종 삶에서 떠오르는 순간이다. 박사 논문을 마무리하느라 정신없이 바쁘던 무렵, 며칠 밤을 새우며 퇴고한 원고를 넘기고, 생각을 정리한다며 새벽 2시에 빈 강의실에 들어가 서문을 썼다. 나는 왜 책을 쓰는 것일까? 나는 왜 내 첫 책으로 영화에 관한 책을 쓰려 했던 것일까? 과학에 대해 나는 무슨 얘기를 독자들에게 들려주고 싶었던 것일까? 혼란스러운 마음으로 이 책을 마무리했었다.

내 첫 책이었던 《시네마 사이언스(1997)》는 〈과학동아〉에 연재했던 원고를 모은 것이고 몇 년 후 절판되면서 그 책의 많은 부분을 이 책으로 옮겨왔고, 책을 출간하기 위해 쓴 원고를 처음으로 묶어 낸 터라《물리학자는 영화에서 과학을 본다》는 사실상 내 첫 책이다. 그러다 보니 각별한 애정이 있을 수밖에 없었다.

파릇한 20대 청춘의 중반, 뭣 모르고 용기 있게 썼던 글들이었고 다시 보니 지금은 못 쓸 패기 넘치는 글들이다. 박사학위 논문을 쓰느라 머리가 깨질 듯이 아프면 슬며시 기숙사 방으로 들어와 영화를 보며 틈틈이 이 책을 쓰면서 삶의 위안을 얻었다. 그때는 책을 낸다는 기쁨만으로 글 쓰는 고통을 이겨내며 책을 썼다. 박사 논문이 학계에 던지는 실험보고서라면, 이 책은 세상에 던지는 상상보고서였다. 기억에서 아스라한 시간들이다.

'영화에 대한 내 각별한 애정 고백서'를 이렇게 제출하고 나니, 그 후 본격적으로 작가로서의 삶이 시작됐고, 영화계 사람들과 친해지는 계기들이 생겼고, 무엇보다 수많은 독자들의 편지와 이메일을 받는 즐거움을 누리게 됐다. 지난 13년간 이 책은 내게 더없는 친구였다.

이제 13년이 지나 세기가 바뀌고 강산도 바뀌어 새로 개정판을 출간할 때가 됐다. 오래된 영화들도 있지만 대부분 고전이라 불리는, 시간을 초월한 작품들이니 독자들도 흥미롭게 책을 즐겨주시리라 기대해본다. 최신 영화를 소재로 한 추가된 글들도 있으니, 이번 개정판은 옛 독자들에게도 추억과 함께 신선한 경험을 다시금 줄 수 있으리라 위안도 해본다.

그러나 이 책에 등장하는 수많은 영화들을 봤느냐, 혹은 아직 못 봤느냐 하는 건 별로 중요하지 않다. 영화 속 장면이 과학적으로 그럴듯하냐, 혹은 '옥에 티'냐 하는 건 더욱이 중요치 않다. 영화를 보는 순간에도 과학의 시선을 버리지 않는 것, 과학의 눈으로 미래를 떠올려보고 내가 알고 있는 과학적 지식과 합리적 추론으로 감독의 상상력과 뜨겁게 만나는, 바로 그 경험이 중요하다. 이 책은 젊은 시절 내가 고스란히 겪었던,

바로 그 경험들의 산물이다.

영화를 과학의 눈으로 들여다본다는 것이 자칫 덜 흥미로울 수도 있겠다. 지난 10여 년간 영화 속의 과학에 관한 책들이 여러 권 쏟아져 나왔고, 수많은 영화 관련 방송 프로그램에서도 그것을 다루었다. 이 책은 그 첫 포문을 연 책이라는 점에서 작은 자부심도 있지만, 이렇게 개정판까지 내게 된 용기는 온전히 '과학 아닌 것에서 과학 발견하기' 혹은 '숨은 과학 찾기'라는 내 오랜 취미를 독자들과도 나누고 싶다는 욕망에서 비롯된 것이다. 또, 영화는 과학적 상상력에 한 발을 들여놓고 예술적 상상력의 나래를 펼 때 비로소 완성된다는 믿음에서 시작된 것이다. 이 책의 개정판을 낼 수 있도록 격려해준 김형보 대표와 어크로스 식구들에게 감사의 마음을 전한다.

이 책을 읽고 수많은 미래의 영화인들이 과학적 상상력으로 무한 충전된 영화들을 만들어주길 간절히 바란다. 독자들은 이 책을 읽는 동안, 날마다 머릿속에서 한 편의 영화가 만들어졌다가 허물어질 것이다. 그 안에 내가 함께 있어 참으로 행복하다.

2012년 6월 18일
이제는 마흔이 되어 조심스레 작은 둥지를 튼 가로수길 작업실에서
정재승 (KAIST 바이오및뇌공학과 교수)

PART 01
옥에 티, 과학이 발견한 영화의 오류

PART 02
이 장면 꼭 있다, SF 영화 공식에서 만난 과학

PART 03
영화가 과학에 묻다

물리학자와의 저녁 식사

미국 존스 홉킨스 대학교에 방문학생으로 갔을 때의 일이다. 신문에서 오려낸 기사 하나가 물리학과 게시판에 붙어 있었다. '미국의 20대 미혼 여성이 가장 선호하는 배우자 직업은?' 이라는 제목으로 한 여론조사 기관이 발표한 100위까지의 조사 결과와 각 항목에 대한 짤막한 촌평이 적혀 있었다. 미국의 20대 미혼 여성이 가장 좋아하는 배우자 직업은 고등학교 수학 선생님이었다. 미국에서 고등학교 수학 선생님은 월급도 많고 사회적으로 존경받는 직업일 뿐 아니라, '성실하고 가정적이다' 라는 사회적 인식이 널리 퍼져 있기 때문이라고 했다. 그 외에도 의사나 생물학자, 대기업 사원 등이 높은 순위에 올라 있었으며, 100위 안에 든 직업들은 우리의 예상과 비슷한 순서로 줄지어 있었다. 그리고 100위인 '택시 운전사' 밑에 가슴 아픈 글 한 줄이 덧붙여 있었다.

"참고로 101위는 물리학자였습니다."

어렸을 때 나의 꿈은 훌륭한 물리학자가 되는 것이었다. 중학교 3학년 때 하이젠베르크의《부분과 전체》를 읽고, 물리학자로 사는 것만큼 멋진 인생도 없을 것이라고 생각했다. 양자역학의 체계를 확립하는 데 결정적인 기여를 했던 하이젠베르크는 이 책에서 보어, 아인슈타인 등 당대 최고의 물리학자들과 벌인 열띤 토론들을 생생하게 그려내고 있다. 강의실이 아닌 호숫가 근처 산장이나 산책로, 자전거 도로 등에서 물리학자들이 대화를 통해 거대한 우주를 이해해가는 모습이 나에겐 너무도 낭만적이고 감동적이었다. 나도 훌륭한 물리학자가 되어 세계적인 석학들과 토론도 하고, 강연 여행을 통해 학문적 열정과 지적 호기심으로 가득 찬 젊은이들과 만나고 싶었다.

그로부터 12년. 나는 훌륭하지는 않지만 '물리학자'가 되었다. 물리학은 내게 우주와 생명과 의식에 대해 끊임없이 지적인 자극을 주었으며, 나는 오랫동안 뜨거운 학문적 열망에 사로잡혀 있었다. 내가 그토록 만나고 싶어했던 '학문적 열정과 지적 호기심으로 가득 찬 젊은이'에게로 나아가고 있었던 것이다.

그러나 불행하게도 물리학 박사학위를 받고서야 비로소 나는 사람들이 물리학자를 조금도 멋있게 생각하지 않는다는 것을 알았다. 전공이 물리학이라고 소개하면 사람들은 "굉장히 어려운 공부를 하시네요" 하면서 '그걸 해서 어떻게 먹고사나' 하는 표정과 애처로운 눈빛을 애써 감춘다. "머리가 좋으신가 봐요" 하고 너스레를 떠는 사람들도 있지만, 나는 그들이 속으로는 나를 세상 물정 모르는 어리석은 사람으로 여길 수도 있다는 것을 잘 알고 있다. 사람들에게 물리학이란 누군가는 해야 할 가치 있는 학문이지만, 자신은 결코 하고 싶지 않은 그런 학문인 것이다. 여기에 물리학자들에 대한 선입견까지 더해진다. 〈더 플라이The Fly〉나 〈플러버Flubber〉에 등장하는 과학자처럼 지저분하고 괴팍하며 괴짜라고까지는 생각하지 않더라도, 누구나 물리학자는 재미없고 따분하며 세상일에는 별 관심 없이 연구에만 전념하는 사람이라고 생각한다.

물리학에 대해 약간의 호기심을 가지고 있는 사람일지라도, 물리학자와 함께 영화를 보고 조용한 레스토랑에서 식사를 하면서 함께 본 영화에 관해 이야기를 나누는 일이 유쾌한 경험이 될 거라고 기대하는 사람은 드물 것이다. 내가 이 책을 쓰게 된 동기는 바로 여기에 있다. 나는 이 책에서 물리학자와 영화를 보면 영화가 더 재미있을 수 있다는 것을 보여주고 싶었다. 물리학자들, 아니 더 나아가 과학자들도 영화를 굉장히 좋아하는 사람들이며, 다른 사람들이 놓치는 것까지 꼼꼼히 따져 봄으로써 영화 보기의 새로운 재미를 즐기는 사람들이라는 것을 보여주고 싶었던 것이다.

이 책에는 물리학자뿐만 아니라 다양한 분야의 과학자들이 영화를 보며 발견한 과학적인 오류들, 영화 속 장면의 실현 가능성, 그리고 미래에 대한 과학적 통찰력이 영화 장면들과 함께 생생하게 그려져 있다. 만약 독자들이 이 책을 읽고 '과학자들은 영화를 한 편 보더라도 이런 것까지 생각하며 보는구나' 라거나, '물리학자들과 영화에 대해 얘기해보는 것도 재미있겠구나' 하고 한 번쯤 생각하게 된다면, 지난 7개월 동안 이 책을 위해 고생했던 모든 시간이 하나도 아깝지 않을 것이다.

나는 과학이 '과학자들이 실험실에서 그들만의 언어로 주고받는 밀

담'이 아니라 그 혜택과 피해를 함께 나눌 모든 사람들과 함께 상의하고 토론해야 하는 학문이라고 믿는다. 과학은 우리가 자연과 우주와 생명을 이해하는 방식이며, 우리 삶을 둘러싸고 있는 사회적 터전이기 때문이다. 그러기에 과학자들은 과학을 전공하지 않은 사람들과 과학에 대해 대화할 수 있도록 그들의 언어로 이야기하고 그들에게 다가갈 의무가 있다. 그래서 더욱 많은 사람들이 과학을 친근하게 받아들이고, 술자리에서 교육과 정치에 대해 이야기하듯 과학에 대해서도 열띤 토론과 논쟁이 이어지길 간절히 희망한다. 그리고 이 책이 그러한 작업을 위한 첫걸음, '과학에 대한 닭살 없애기' 정도로 받아들여졌으면 하는 바람이다.

책을 쓰면서 많은 서적과 논문, 인터넷 자료 등을 참고했음에도 일일이 언급하지 못했음을 죄송스럽게 생각하며 책이 출판되기까지 애쓰신 많은 분들께 감사드리고자 한다. 항상 따뜻하게 대해주시고 이 책을 출판할 수 있도록 해주신 도서출판 동아시아 한성봉 사장님과, 부족한 원고를 정성껏 손봐주신 동아시아 식구 분들께 진심으로 감사드린다. 그리고 이 책을 자신의 책처럼 소중하게 교정을 봐주고 내용에 대해 친절한 조언을 아끼지 않았던 정현에게 진심으로 감사의 뜻을 전한다. 끝으로 이 책이 늘 화목한 우리 가족에게 또 하나의 웃음꽃이 될 수 있기를 진심으로 바란다.

그 누구보다도 내가 감사해야 할 사람들은 이 책에 등장하는 '과학상의 실수'들을 자신들의 소중한 영화에 삽입해준 영화감독들일 것이다. 그들은 자신의 영화적 상상력을 주체하지 못하고 과학자들의 너그러운

용서를 바라면서 재미있고 감동적인 영화를 만들었지만 본의 아니게 이 책에 좋은 소재를 제공해주었으며, 과학에 대한 무지를 화면 위에 고스란히 옮겨놓는 '소중한 실수'를 범해주었다. 나는 그들이 과학적인 설정 위에 영화적 상상력의 나래를 펼 때 관객은 더 큰 감동을 얻는다는 평범한 진실을 깨닫고, 영화의 감동을 위해 더 많은 과학자들을 귀찮게 하고, 더 많은 연구소와 실험실을 어지럽혀주길 진심으로 바란다. 과학자들은 언제든지 영화감독과 식사를 하며 재미있는 영화 얘기를 주고받을 준비가 되어 있다.

1999년 5월 31일
정재승

영화와 과학의 행복한 만남

'아름다움은 자신이 발견되기를 기다리며 우주 안에 존재한다'는
심오하고도 종교적이며 예술적인 확신을 가진 인간만이
우주의 창조와 진화를 설명하는 이론을 구축할 수 있다.

– 바네시 호프만Banesh Hoffman, 영국의 수학자·물리학자

《물리학자는 영화에서 과학을 본다》의 초판을 출간한 지 어느새 3년이
지났다. 수십 편의 영화를 도마 위에 올려놓고 '과학'이라는 메스를 겁
없이 들이댈 용기가 어디서 생겼는지. 지금 생각해봐도 '학생 시절의 무
모한 객기'가 아니었다면 태어날 수 없는 책이었다. 처음 책이 나왔을 때
대형서점 자연과학 코너에서 내 책을 뒤적이며 훑어보는 중고등학생들
의 모습을 가슴 졸이며 지켜보던 기억이 아직도 생생하다.

대학원 마지막 학기 동안 학위 논문을 준비하며 틈틈이 썼던 글들을
모아 엮은 이 책은 내게 넘치는 사랑과 과분한 상찬을 독자들로부터 전
해주었다. 여러 미숙함을 너그러이 눈감아주면서 영화 보기의 새로운 재
미를 보여주려 했던 27살 젊은이의 패기를 독자들은 격려해주었다. 이번

개정증보판은 독자들로부터 온 따뜻한 이메일에 답하는 것으로 하루 일과를 시작했던 지난 3년간의 사랑에 조금이나마 보답하고자 기획하게 되었다. 도서출판 동아시아 사장님의 적극적인 권유가 가장 큰 힘이 되었다.

지난 3년 동안 과학기술은 새로운 세기를 거치면서 비약적인 발전을 거듭했다. 휴먼 게놈 프로젝트가 예상보다 빨리 완수되었고 나노테크놀로지의 발전으로 황당하게만 여겨졌던 영화 속 상상력에 조금씩 실현 가능성이 보이기 시작했다. 컴퓨터의 발전과 인터넷의 대중화는 미래에 대한 우리의 비전을 완전히 바꾸어놓았다. 3년 동안 일어난 일이라고 믿기 어려운 사건들이 새로운 세기를 관통하면서 벌어진 것이다. 그러다 보니 책 속에 등장하는 과학 지식을 수정하거나 업그레이드해야 할 필요성이 '생각보다 빨리' 생겼다. SF 영화는 최첨단 미래 사회를 배경으로 하기 때문에 더욱 그렇지 않았나 싶다.

그리고 무엇보다도, 새로운 영화들이 많이 등장했기 때문에 초판에 언급된 영화들의 신선한 빛깔이 조금씩 바래가고 있었다. 새로이 등장한 영화 속에서 좀 더 다양한 과학 이야기를 풀어냈으면 하는 바람은 독자들은 물론이거니와 나 자신의 것이기도 했다.

이번 개정증보판은 초판보다 알차고 다양한 글들로 엮었다. 우선 2년 동안 〈과학동아〉와 〈동아일보〉에 연재했던 '영화 속의 과학' 칼럼을 묶어 만든 나의 '총각작' 《시네마 사이언스》가 출판사의 사정으로 절판되어, 그 안에 실린 글들 중에서 흥미로운 것만을 모아 이 책에 함께 묶었다. 《시네마 사이언스》를 가지고 있는 독자들에겐 중복되는 내용이 되겠지만, 그렇지 않은 독자들에겐 이제는 절판된 책까지 덤으로 읽을 수 있는 기회가 되리라 생각한다. 또 〈매트릭스The Matrix〉나 〈바이센티니얼 맨 Bicentennial Man〉, 〈할로우 맨Hollow Man〉 등 최근 영화 십여 편에 대한 과학 이야기를 새로이 추가했다. 좀 더 업데이트된 영화 속 과학 이야기에 목말랐던 독자들에게 다소나마 해갈이 되었으면 한다. 또, 새롭게 '읽을거리'라는 코너를 마련해서 짧고 재미있게 읽을 만한 내용들을 긴 글 사이에 끼워 넣었다. 영화와 직접적인 관련이 없더라도 영화를 보면서 떠올랐던 여러 가지 단상이나 과학 관련 정보들을 소개한 것으로, 독자들이 '쉬어 가는 코너'로 즐길 수 있는 글이 되지 않을까 싶다.

이 책이 출간된 이후, 가장 감동적이었던 순간 중 하나는 내 책에서 아이디어를 얻어 특별활동 시간으로 '시네마 사이언스'라는 반을 편성했던 순천의 한 여고를 찾아간 일이었다. 과학 선생님의 초청으로 강연을 하러 갔던 나는 그곳에서 맑은 눈의 학생들이 과학에 대해 진지하게 이야기를 듣고 질문을 하는 모습을 직접 볼 수 있었다. 과학의 눈으로 영화를 본다는 것은 '영화 보기의 새로운 즐거움'일 뿐 아니라 '과학 공부의 새로운 즐거움'이 될 수도 있다는 것을 그 자리에서 깨닫고 돌아왔다.

책을 낸 후로 사람들은 내게 "영화를 과학으로 따지면 너무 삭막하지 않나요?", "영화는 그냥 즐기는 것 아닌가요?"라고 말하곤 한다. 중국 문학과 역사를 전공한 인문학자가 중국의 역사를 통해 영화 〈패왕별희〉의 역사 관점을 비판하고 고증의 허점을 이야기하면 새로운 해석이라고 말하지만, 물리학자가 과학의 눈으로 SF 영화의 미래적 관점에 대해 비판하고 과학적 설정의 오류를 짚어내면 삭막하다고 이야기하는 이유는 무엇일까? 아마도 그것은 과학이 삭막하고 따분한 것이라는 편견 때문에 비롯된 오해가 아닌가 싶다. 과학의 눈으로 영화를 보면 큰 소리로 웃고 어깨를 들썩일 만큼 영화가 재미있게 느껴지는데 말이다.

'생각이 그들의 파라다이스를 허물어뜨리고 말 것이다. 그만 멈추어라. 무지가 축복인 곳에서는 어리석음이 곧 지혜인 것이니.'

보르헤스는 인간의 지성을 이렇게 조롱했지만 영화를 보는 극장은 '어리석음이 지혜'인 공간은 아닌 것 같다. 나는 더 많은 사람들이 영화 한 편을 보더라도 과학기술이 가져다줄 미래에 대해 생각하고 알고 있는 과학 지식을 총동원하여 영화 속 과학적 설정을 꼼꼼히 따져보길 바란다.

그리고 영화를 만드는 사람들도 과학적 상상력의 바탕 위에서 영화적 상상력을 구체화시킬 때 감동과 아름다움을 관객들에게 전할 수 있다는 사실을 깨달았으면 좋겠다. 물리학자들이 우주의 탄생과 기원을 설명하는 이론을 만들면서 이론의 예술적 아름다움을 가장 중요하게 생각했던 것처럼 말이다. 예술과 과학은, 아니 아름다움과 진리는 결국 하나로 통하는 것 아닌가!

진심으로 기대해본다. 앞으로 태어날 영화 속에서 벌어질 '영화적 상상력과 과학적 상상력의 행복한 만남'을. 이 책이 처음 나왔을 때처럼 가슴을 졸이며.

2002년 4월 5일
정재승

PART 01

옥에 티, 과학이 발견한 영화의 오류

영화는 우리의 인생을 살찌울 소중한 양식이다.

밥 속의 돌을 골라내듯 영화 속 '옥에 티'를 골라내보자.

그러면 영화는 더 맛있어지고, 더 쉽게 소화된다.

투명한,
그래서 텅 빈 과학자의 비극

할로우 맨
Hollow Man

영화 〈할로우 맨〉의 주무대는 미 국방성이 지원하는 일급 프로젝트를 수행 중인 실험실. 팀 리더인 세바스찬 케인(케빈 베이컨)은 '인간을 투명하게 만드는 물질'을 개발한 뒤 자신이 직접 실험대 위에 오른다. 그리고 '투명 인간'을 다룬 영화 사상 가장 그럴듯한 장면이 뒤를 잇는다. 한순간 증발해버리는 디졸브 기법이 아니라, 피부에서부터 근육, 내장,

뼈에 이르기까지 신체의 일부가 하나씩 사라져가는 장면을 차례로 보여줌으로써 가히 '해부학적'이라 불릴 만한 장면을 연출한 것이다. 몇 분에 이르는 이 장면은 관객들로 하여금 '투명하게 만드는 물질'의 과학적인 근거나, '음식물이나 배설물은 왜 투명해지는 걸까' 같은 고리타분한 질문은 잊게 만들고, 그들의 현실 감각을 압도한다.

과학적인 논리 구조가 희생된 특수 효과

그런데 이 장면을 곰곰이 따져보면 뭔가 이상한 점을 발견할 수 있다. '신비의 묘약'은 정맥 혈관을 타고 심장으로 흘러들어 온몸으로 퍼진다. 그렇다면 묘약이 혈관을 통해 처음 효과를 발휘하는 곳은 혈관이 관통하는 심장과 주요 장기 부분. 따라서 모세혈관으로 연결된 피부는 마지막으로 사라져야 한다.

그러나 영화 속 장면은 이상하게도, 피부에서부터 안쪽으로 들어가면서 사라지기 시작한다. 이 문제는 영화의 첫 장면인 '투명한 고릴라가 원래의 모습으로 되돌아오는 장면'과 비교해보면 더욱 선명해진다. 투명한 고릴라는 회복약을 투여받은 후 원래 모습을 되찾게 되는데, 그 순서는 회복약이 제일 먼저 도달하는 혈관과 심장에서부터 신체의 각 장기들, 근육, 뼈 순이다. 피부와 털은 맨 마지막에 복원된다. 투명해지는 과정과 회복되는 과정은 역반응이라 마치 반대 순서로 진행될 것 같지만, 주사 방식이 같기 때문에 약효도 같은 순서로 진행돼야 하는 것이다.

이 장면은 시각 효과를 위해서 과학적인(혹은 논리적인) 구성이 희생된 영화 속 장면의 대표적인 예다. 피부가 맨 마지막으로 사라진다면 신체 내에서 벌어지는 일들을 보여주기 힘들 테고, 그러면 극적 긴장감도 떨어질 테니, 과학적인 부분을 희생하는 대신 시각적인 부분을 살리자는 것이 폴 베호벤Paul Verhoeven 감독의 생각이었을 것이다. 영화 〈할로우 맨〉은 특수 효과가 과학적인 논리 구조를 대체해버린 지 오래인 할리우드 SF 영화의 정점에 서 있는 것이다.

우리는 어떻게 투명 인간을 보았을까

'투명 인간'이라는 주제는 1897년 허버트 조지 웰스Herbert George Wells의 소설에 의해 본격적으로 다루어진 이래, 지금까지 여러 편의 영화 속에 등장해왔다. 재미있는 것은 소설의 원제인 'Invisible Man'을 우리가 '투명 인간'으로 번역하고 있다는 점이다(아마도 일본에서 먼저 붙인 이름이 아닐까 싶지만). 'Invisible Man'이 다소 모호한 표현인 반면, '투명 인간'은 빛을 그대로 통과시킴으로써 보이지 않게 된다는 '원리적인' 의미를 내포하고 있다. 여기에서 한발 더 나아가, 'Hollow Man'은 신체뿐 아니라 영혼과 도덕성마저 사라진 '텅 빈 존재'라는 표현인 점에서 좀 더 철학적이라 볼 수 있다.

〈할로우 맨〉에서 특히 흥미로운 부분은 '보여주기'와 '보이지 않게 하기' 사이의 모순적인 대립이다. 폴 베호벤은 주인공을 '보이지 않게 하는 시각 효과'를 통해 기존의 보여주기 SFX(특수 효과) 영화들과는 차별성을 보이면서도, 우리로 하여금 케빈 베이컨의 존재를 느낄 수 있도록 은밀한 형태의 '보여주기'를 시도하고 있다. 빛은 투명 인간의 몸을 그대로 통과하지만 분자는 통과하지 못한다. 감독은 이것을 이용한 다양한 장치들을 영화 속에 삽입하고 있다. 덕분에 우리는 빗방울이 세바스찬의 몸에 맞거나 그가 물속으로 들어갈 때, 얼굴에 고무액을 부을 때나 혹은 피를 뒤집어쓸 때, 그의 실루엣을 본다. 폴 베호벤은 케빈 베이컨을 가장 사실적으로 안 보이게 하면서 동시에 그의 존재를 드러내는 기교를 보이느라 애를 먹었을 것이다.

투명 인간의 삶이 절대 재미없는 이유

투명 인간에 관한 여러 가지 물리적인 논의들은 한결같이 '투명 인간이 우리가 어린 시절 꿈꿔왔던 것만큼 행복하지는 않다'는 것을 보여준다. 가장 유명한 주장은 우리가 투명 인간을 보지 못하듯 투명 인간도 우리를 보지 못한다는 것이다. 우리가 사물을 볼 수 있는 것은 수정체에서 굴절된 빛이 망막에 상으로 맺히기 때문인데, 투명 인간은 투명한 망막을 가지고 있기 때문에 망막에 아무런 상이 맺히지 않는다. 따라서 투명 인간도 우리를 보지 못한다. 영화에서 투명 인간으로 변한 세바스찬이 '눈꺼풀이 없어 잠을 제대로 잘 수 없다'며 창문을 닫아달라고 하는데, 이는 아주 심한 허풍인 것이다.

투명 인간에게는 계단을 내려가는 것도 위험한 일이다. 우리는 때론 이야기를 하거나 책을 보면서 계단을 내려가기도 하지만, 그러는 사이 대뇌는 발의 위치와 계단의 위치를 매순간 정확히 파악해서, 다음 걸음

우리가 투명 인간을 보지 못하듯
투명 인간도 우리를 보지 못한다.
어린 시절 꿈꿔왔던 투명 인간도
그다지 행복하지만은 않은 것이다.

을 위해 근육의 운동과 관절의 구부림 정도를 계산한다. 다시 말해 '계단 오르내리기'는 고등 로봇도 잘 못하는 매우 복잡한 운동이라는 얘기다. 누구나 계단이 있는 줄 알고 생각 없이 발을 내디뎠다가 헛발을 짚어 넘어질 뻔한 경험이 한 번쯤 있을 것이다. 그런데 투명 인간은 자신의 발을 보지 못하기 때문에 발과 계단 사이의 거리감이 전혀 없어서 매번 계단에서 구르기 십상이다.

투명 인간은 차도 조심해야 한다. 지나가는 차가 나를 보지 못하기 때문에 그냥 치고 지나가버릴 수도 있다. 이와 관련된 재미있는 이야기가 〈X 파일The X Files〉에 나온 적이 있다. 요술 램프에서 3가지 소원을 들어주는 지니가 나타나자, 철없는 10대 소년은 자신을 투명 인간으로 만들어 달라고 부탁한다. 투명 인간이 된 소년은 기쁜 마음으로 문밖을 나서지만, 이내 지나가던 트럭에 치여 죽는다. 이 에피소드의 교훈은 '투명 인간은 절대 무단 횡단을 해선 안 된다'는 것!

〈할로우 맨〉은 허버트 조지 웰스가 쓴 《투명 인간》의 가장 폭력적이며 성적인 버전이다. 투명 인간은 초등학교 학급 신문에도 종종 등장하는 상상이긴 하지만, 자신의 존재를 숨길 수 있을 때 가장 은밀하고도 위험한 욕망이 드러날 수도 있다. 〈할로우 맨〉에서도 신체가 한없이 투명에 가까워지자, 세바스찬의 욕망은 더욱 노골적으로 드러난다.

폴 베호벤 감독은 한 인터뷰에서 플라톤의 《국가론》을 인용한 바 있다. 《국가론》 2권에는 투명 인간으로 만들어주는 반지를 발견한 남자의 일화가 나온다. 그는 투명 인간으로 변한 뒤 왕궁으로 침입해 여왕과 동침하고 왕을 죽인 다음 스스로 왕이 된다. 이 이야기는 인간이라는 동물이 사회적 구속력에서 벗어났을 때 얼마나 폭력적으로 자신의 욕망을 표출하는지를 잘 보여준다. 그런 면에서, 〈할로우 맨〉은 익명성의 가면을 쓴 채 사이버 세계에 침잠해 들어가 은밀한 욕망을 디지털화하며 살아가는 현대인들에 관한 알레고리가 아닐까? 이런 이야기를 최첨단 '디지털' 기술로 만들어내는 폴 베호벤이 나는 얄밉다.

조디 포스터는 외계인과
18시간 동안 접촉할 수 없다

콘택트
Contact

영화 〈콘택트〉는 찰리 채플린의 〈모던 타임스^{Modern Times}〉와 함께 '내가 가장 아끼는 SF 영화' 중 하나다. 내가 〈콘택트〉를 좋아하는 이유 는 '인간과 우주에 대한 경이로움'이 담겨 있기 때문이다. SF 영화가 우 리에게 줄 수 있는 가장 큰 감동이란 무엇인가. 그것은 우리 인간은 작고 보잘것없는 존재지만 우리를 둘러싼 이 우주와 자연은 만물을 탄생시키고 생명을 잉태할 만큼 위대하며, 그것을 깨달으며 그 속에 살고 있는 인간 또한 더불어 '위대한 존재'라는 사실을 일깨워주는 데 있다.

나는 연구를 하다가 힘들거나, 어렸을 때 충만했던 과학에 대한 열정이 소진할 즈음 〈콘택트〉를 꺼내어 다시 본다. 〈콘택트〉는 과학에 특별한 흥미를 가지고 있지 않은 사람들도 재미있게 볼 수 있는 영화지만, 특히 과학을 전공하거나 전공하고 싶은 사람들에게는 꼭 권하고 싶다.

외계인을 기다리는 과학자들

이 영화는 미국의 저명한 천체물리학자 칼 세이건Carl Sagan의 동명 소설을 원작으로 하고 있다. 과학 책 《코스모스》의 저자로도 유명한 칼 세이건은 외계 생명체를 찾는 데 열정을 갖고 평생을 바쳤다. 1979년 그는 '카사블랑카'라는 영화사로부터 SETISearch for Extra-Terrestrial Intelligence, 외계 문명 탐사 계획을 소재로 한 영화를 만들자는 제안을 받게 된다. 그는 흔쾌히 그 제안을 받아들였고, 결국 60페이지 분량의 1차 스토리 라인을 만들었다. 그 속에는 영화 〈콘택트〉의 초고와 함께, '외계인이 과연 존재하는가', '만약 외계인이 존재한다면 우리에게 어떤 메시지를 보낼 것인가', '지구인이 그들과 맞닥뜨린다면 어떤 반응을 보일 것인가'와 같은 의문에 대한 진지한 상상이 담겨 있었다. 그 후 시나리오는 살을 덧붙여 1985년 소설로 출간되었고, 우여곡절 끝에 17년 만에 영화로 완성된 것이다.

어려서부터 별을 바라보며 우주에 대해 궁금해하던 소녀 엘리 애로위(조디 포스터)는 밤마다 무선통신 HAM을 통해 알지도 못하는 누군가의 응답을 기다린다. 그 소녀는 자라서 천문학자가 되고, 이젠 무선통신 대신 전파망원경을 통해 외계에 존재하는 생명체로부터의 신호를 기다린다. 주위의 따가운 시선과 따돌림에도 불구하고 외계 생명체와의 교신을 열망하던 엘리는 어느 날 드디어 베가성(직녀성)으로부터 메시지를 받게 된다. 1936년 베를린 올림픽 개막식 때 히틀러는 자신을 전 세계에 알리기 위해 처음으로 전파 방송을 시도했는데, 이 신호를 받은 외계 고등 문명이 지구로 메시지를 보낸 것이다. 해독 결과 이 메시지가 외계 생명체와 교신할 수 있는 우주선의 설계도를 의미한다는 것이 밝혀진다. 드디어 우주선이 완성되고 우여곡절 끝에 엘리는 우주선에 탑승할 승무원으로 뽑힌다. 과연 엘리는 외계 생명체와 접촉할 수 있을 것인가? 외계인은 왜 그녀를 택했으며, 그녀에게 무엇을 전하려 하였을까?

영화에는 외계 생명체와의 교신에서부터 이를 둘러싼 전 세계인들의 다양한 반응과 정치인들 간의 이해 분쟁 등이 현실감 있게 묘사되어 있다. 영화는 초반부에서 NASA의 SETI 계획과 그것을 수행 중인 전 세계 천문대의 모습을 생생히 보여준다.

1959년, 천체물리학자 필립 모리슨[Philip Morrison]과 주세페 코코니[Giuseppe Cocconi]는 외계인이 어느 정도 지능을 가진 존재라면, 성간 전파 신호를 통해 은하 전체와 교신할 수 있을 것이라는 가설을 세웠다. 성간 전파 신호는 많은 비용을 들이지 않더라도 보낼 수 있으며, 비교적 초보적인 기술을 통해서도 가능하기 때문에, 외계인들이 자신들의 존재를 알리고자 한다면 그 방법을 택하리라는 추측에서였다.

그 후, 미국의 천문학자 프랭크 드레이크[Frank Drake]는 지름 26미터의 접시 안테나가 달린 전파망원경을 통해 태양과 비슷하게 생긴 두 별로부터 오는 전파 신호를 150시간 동안 수신하였다. 1960년에 시작된 이 계획이 바로 SETI의 효시가 된 '오즈마 프로젝트Project Ozma'이다. 오즈마 프로젝트 때에는 별다른 신호를 포착하지는 못했지만, 외계 문명 탐사 실험은 그 후 과학자들에 의해 지속적으로 추진되어 1991년에 이르기까지 약 50회 의 전파 탐사가 이루어졌다. 영화 〈스피시즈Species〉나 〈인디펜던스 데이 Independence Day〉, 〈화성 침공Mars Attacks!〉에서 지구인이 외계인의 존재를 확인 하는 체계도 바로 이 프로젝트를 차용한 것이다.

아인슈타인이 용납하지 않을 만남

이 영화에서 과학적으로 가장 논란이 된 부분은 영화의 클라이맥 스인 엘리가 외계인과 접촉하는 장면이다. 엘리는 외계인이 설계한 우주 선을 타고 웜홀Wormhole을 지나 초광속 우주여행을 한 후에 외계인과 만나 게 된다. 웜홀을 지나며 황산 비와 죽음의 가스로 가득 찬 우주는 시처럼 아름다운 모습으로 바뀌고 성운으로 가려진 우주의 본질이 그녀 앞에 모 습을 드러낸다. 외계 생명체는 엘리를 위해 그녀의 기억(의식)을 복사(반영) 하여 아버지의 모습으로 그녀 앞에 나타난다. 그리고 이 광활한 우주에 존 재하는 생명체는 결코 인류만이 아니라는 것을 일깨워주고 사라진다.

18시간이나 계속된 외계 생명체와의 접촉은 엘리에게 너무나도 아름 다운 경험이었지만, 안타깝게도 지구에 있던 사람들에게 우주선은 몇 초 만에 그냥 땅으로 떨어져버린 것으로 관측된다. 그녀는 외계 생명체가 분명히 존재한다고 주장하지만, 아무도 믿어주지 않는다. 그녀의 말 이외에는 무엇도 그녀의 말을 증명해주질 못한다. 그래도 그녀는 증명할 순 없지만 외계인은 존재한다고 외친다. 과연 이런 일이 실제로 일어날 수 있을까?

아인슈타인의 상대성이론에 따르면, 시간은 관찰자의 운동 속도에 따라 다르게 측정될 수 있다. 예를 들면 빛의 속도에 가까운 속도로 움직이는 우주선 안에서는 지구에서보다 시간이 천천히 흐른다. 시간이 천천히 흐른다는 것은 우주선 안에 탄 사람이 지구에 남아 있는 사람들보다 더 짧은 시간을 경험하게 된다는 것을 의미한다. 지구에서는 10시간이 흘렀는데도 우주선 안에서는 1시간만 흐를 수 있다.

이것을 다르게 표현하면 '움직이는 우주선에서의 시간은 지구에서의 정지 시간보다 더 느리게 갈 수는 있어도 더 빠르게 갈 수는 없다'는 뜻이 된다. 즉 지구에서의 시간보다 우주여행을 하면서 겪는 시간이 더 빠르게 흐를 수 없다는 얘기다. 따라서 지구에서 18시간이 흐르는 동안 우주여행을 떠난 우주선에선 몇 초만 흐르는 경우는 있어도, 다른 세계에서의 18시간이 지구에서의 몇 초에 해당할 수는 없다. 기술적인 문제를 제쳐두더라도 원리적으로 불가능하다는 것이다.

일반상대성이론에 의하면, 중력에 의해 시간이 더 천천히 흐르기 때문에 블랙홀 근처에서나 웜홀을 통과할 때 시간은 지구에서보다 더욱 천천히 흐른다. 따라서 영화에서처럼 엘리가 웜홀을 통과하여 우주여행을 하고 돌아왔다면, 시간은 엘리에게 더 천천히 흘렀을 것이며 지구에서는 더 많은 시간이 지나갔을 것이다.

지금도 우주 저 너머 누군가가 우리를 향해 메시지를 보내고 있는 것은 아닐까.

세계에서 세 번째로 큰 가동 전파망원경인 영국 조드럴뱅크 천문대의 러벌 망원경 (Lovell Telescope)

그렇다면 영화와 같은 상황이 벌어질 가능성은 전혀 없는 걸까? 중력이 셀수록 시간은 천천히 흐르기 때문에, 지구보다 중력이 더 약한 세계로 여행을 갔다면 지구에서보다 시간이 더 빨리 흐를 수도 있다. 엘리가 외계인을 만나는 동안 '자유낙하'를 하고 있어서 전혀 중력의 영향을 받지 않았다면 시간은 지구에서보다 빨리 흘러서 유사한 일이 벌어질 수도 있다. 그러나 지구에서의 몇 초가 18시간에 해당할 정도로 시간 수축이 일어날 가능성은 희박하다.

또 다른 가능성은 바로 '시간 여행'이다. 엘리가 외계인과 18시간 동안 만난 후에 웜홀을 통해 시간을 거슬러서 지구 시간으로 몇 초가 경과된 후로 돌아오는 방법이다. 이러한 가능성을 배제할 수는 없는데, 영화 속에서 보여준 장면만으로는 유추하기 힘든 상황이다. 이 문제에 대해서는 '시간 여행자를 위한 매뉴얼(19장)'에서 좀 더 자세히 다루고자 한다.

이 밖의 오류들

물리학자들의 꼼꼼한 자문에도 불구하고 이 영화에는 몇 가지 과학적인 오류가 눈에 띈다. 엘리는 아레시보 천문대 라디오파 망원경에서 외계로부터 오는 신호를 듣기 위해 헤드폰을 사용한다. 그러나 우리가 들을 수 있는 가청 주파수 영역은 20KHz를 넘지 않는 데 반해 망원경은 20MHz 이상의 주파수를 수신한다. 따라서 망원경으로 수신되는 신호를 헤드폰으로는 결코 들을 수 없다. 칼 세이건도 헤드폰을 사용하자는 감독의 아이디어에 반대했다고 한다. 그러나 이 장면은 외계의 목소리에

귀기울이는 과학자의 모습을 상징적으로 잘 표현하고 있어 삽입되었다는 후문이다.

또 다른 오류 하나. 엘리는 외계로부터 온 신호를 포착하자 통제실의 동료에게 무전기로 이 사실을 알린다. 그러나 라디오파 망원경이 있는 천문대에서 '라디오파를 이용하는' 무전기를 사용하는 것은 절대 금물이다. 이것은 천문대에서 연구하는 학자라면 누구나 쉽게 발견할 수 있는 오류다.

마지막으로 하나 더. 영화의 처음 부분에는 과거의 역사가 빛의 속도로 우리에게서 멀어지는 장면이 펼쳐진다. 자세히 살펴보면 목성을 지날 때쯤 수년 전 방송이 흘러나오는 것을 들을 수 있다. 그러나 실제로 목성 근처에 도달한 빛을 포착한다면, 몇 시간 전의 방송을 들을 수 있어야 한다. 빛이 목성까지 도달하는 데는 몇 시간 정도면 충분하기 때문이다.

과학과 철학과 역사의 이름으로 우리는 끊임없이 우리가 누구인가에 대해 묻고, 여기에 왜 존재하는가에 대해 반문한다. 그 해답을 얻지 못하는 한 삶이란 외롭고 공허한 것이다. 〈콘택트〉에 등장하는 외계인들은 이 넓은 우주에서 인류는 결코 유일한 생명체가 아니며, 수십억 년을 멸망하지 않고 진보할 수 있다는 희망의 메시지를 전한다. 아마도 그것은 이제는 고인이 된 칼 세이건이 우리에게 전하는 메시지이자 그의 바람이기도 할 것이다.

한석규, 야시경을 쓰고 전등을 비추다

쉬리

1999년 한국 영화계의 최대 화제작은 단연 〈쉬리〉였다. 〈공동경비구역 JSA〉와 〈친구〉, 〈2009 로스트 메모리즈〉 등으로 이어지는 한국 영화 흥행 대박의 첫 신호탄이었던 〈쉬리〉는 개봉 당시 한 편의 흥행작 차원을 넘어 '집단 최면'이라고까지 진단된 '쉬리 신드롬'을 불러일으키기도 했다.

과학기술과 첨단 무기에 관심 있는 사람들에게 〈쉬리〉는 매우 흥미로운 작품이었음에 틀림없다. 테러를 통해 남한 사회를 교란할 목적으로 남파된 북한 특수부대와 이를 막기 위한 남한의 특수수사부 OP요원들의 대결을 다룬 액션 영화이다 보니, 갖가지 최신 무기들과 첨단 장비들이 동원되었다.

인터넷 동호회 게시판에는 〈쉬리〉에 등장하는 여러 가지 장면들과 과학기술 장치들에 대해 많은 글들이 올라왔다. 예를 들면, '레밍턴 샷건 Remington Shotgun의 화력으로는 셔터의 문을 뚫을 수 없다'는 등 첨단 무기에 관심이 많은 군사동호회 사람들의 글들이 있는가 하면, '북한군이 왜 미제 총을 사용하나'라는 식의 분단 국가의 국민이 쓴 글다운 것들도 있었다. 그중 재미있는 '옥에 티'는 도입 부분에서 특수간첩 이방희가 훈련을 마치고 남파되기 직전 가족 사진을 불태우는 장면에서 지포 라이터를 사용한다는 점이다.

그러나 신병교육대에서 4주 훈련으로 '총'과의 인연을 마감한 병역특례 전문연구요원(나도 특수요원은 특수요원이다!)인 내가 어떻게 감히 첨단 무기에 대해 함부로 논할 수 있으랴! 그래서 여기서는 과학과 연관된 몇 가지 문제들에 대해서만 얘기해보고자 한다.

물과 구분되지 않는 액체 폭탄을 만들 수 있을까

사람들 사이에서 가장 많이 회자된 것은 〈쉬리〉의 핵심 소재이기도 한 '액체 폭탄 CTX'가 과연 실제로 존재할 수 있는가 하는 문제였다.

영화 속의 설정으로는 엄청난 화력을 가지고 있을 뿐 아니라 어떠한 탐지기로도 물과 구별이 안 되기 때문에 은닉이 가능해서 영화 종반부에 북한 테러단이 이것을 축구 경기장에 설치해서 수만 명의 관중을 위협하기에 이른다.

액체 폭탄은 실제로 존재한다. 폭탄을 구성하는 원재료인 '니트로글리세린'도 원래 올리브 기름처럼 생긴 액체 화합물이다. 1847년 이탈리아의 화학자 소브레로Ascanio Sobrero가 진한 질산과 황산의 합성액을 차게 한 후, 탈수한 글리세린을 첨가하여 처음으로 합성하는 데 성공했다. 니트로글리세린은 〈쉬리〉에서처럼 가열하거나 충격을 가하면 폭발한다. 그래서 사람들은 액체인 니트로글리세린을 고체로 만들어 편하게 운반할 수 있도록 하고, 원하는 순간에만 폭발하도록 강한 자극에도 쉽게 터지지 않는 기술을 개발하기 위해 많은 노력을 기울였다. 이 일에 성공하여 부자가 된 과학기술자가 바로 임마누엘 노벨Immanuel Nobel과 그의 아들 알프레드 노벨Alfred Nobel이다.

영화의 설정처럼 어떠한 탐지기로도 물과 구분이 안 되는 액체 폭탄이 존재하는가에 대해서는 국가 기밀(?)이라 아무도 알 수 없지만, 쉽게 제조할 수는 없을 것 같다. 고유한 화학적 구조를 가진 모든 화합물에는 분자들 사이의 고유 떨림이 존재한다. 그것을 '고유진동'이라 부른다. 물에는 물만의 떨림이 있고 술(알코올)에는 술만의 떨림이 있으며 나무에는 나무를 이루는 분자들 사이의 고유 떨림이 존재한다. 선사레인지가 음식을 데우는 원리도 음식물 속에 들어 있는 물 분자의 고유한 떨림을 증폭시켜 파괴하는 것이다. 이것은 음식물의 대부분이 물로 이루어져 있기 때문에 가능하다. 지구 밖 다른 행성에도 물이 존재하는가를 탐사하기 위해 태양계 전체를 샅샅이 뒤지고 있는 NASA의 첨단 장비라면, CTX와 물을 구분하는 일은 어렵지 않을 것이다. 화학을 전공한 주변의 과학자들도 대부분 물과 구분이 불가능한 액체 폭탄을 만드는 일은 매우 어려울 것이라고 말하고 있다.

액체 폭탄은 폭발력이 강한 폭탄으로 만들어지기보다는 인체에 치명적인 액체 형태의 생화학 물질을 담은 생화학 무기로 만들어지는 경우가 많다. 영화 〈더 록The Rock〉에 등장하는 VX신경제가 대표적인 예다. 이 폭탄은 1952년 미국에서 실제로 개발된 폭탄으로 한때 살충제로 이용됐다고 한다. 피부로 흡수되는 VX신경제는 근육에서 신경전달물질로 작용하는 아세틸콜린의 분비를 조절하는 콜린에스테라아제Cholinesterase 의 활동을 억제해서 근육 세포가 계속 활동하도록 만든다. 이 폭탄은 매우 치명적이어서 몸에 0.3밀리그램 정도만 노출돼도 심한 발작과 경련을 일으키다가 수 초 안에 사망에 이른다.

이 액체 폭탄에 대한 해독제도 영화 〈더 록〉에 등장하는데, 아트로핀이라 불리는 이 물질은 VX신경제가 콜린에스테라아제의 활동을 방해하는 것을 막아준다. 물론 실제로 존재하는 해독제다.

그런데 영화의 첫 부분인 해독제를 사용하는 장면은 그럴듯하지 않다. 보스니아로부터 소포 하나가 도착한다. 혹시 그 안에 치명적인 화학 무기가 들어 있지는 않을까 하여 화학 무기 전문가인 굿스피드(니컬러스 케이지)와 그 일행에게 소포를 개봉하는 임무가 맡겨진다. 그들은 독성이 강한 사린 가스나 VX신경제 노출에 대비해 미리 아트로핀 주사를 맞고 투입되는데 이것은 사실과 다르다. 왜냐하면 아트로핀은 이 신경 가스로 인해 아세틸콜린이 지나치게 분비되는 것을 막는 역할을 하기 때문에 VX신경제에 노출된 후에 맞아야 효과를 볼 수 있다. 미리 맞는다면 오히려 세포의 정상적인 활동을 막게 된다.

더욱 황당한 것은 인형에서 나오는 사린 가스가 흰색 연기로 표현되어 있다는 사실이다. 몇 년 전 일본의 옴진리교 신자들이 동경의 지하철에 살포해서 문제가 됐던 가스가 바로 사린 가스인데, 이 가스는 무색 가스로 눈에 보이지 않는다. 관객들에게 긴장감을 불러일으키기 위해서 흰색 연기가 필요했겠지만 말이다. 아트로핀은 수 초 안에 심장에 박으면 VX 신경제로부터 목숨을 구할 수 있지만 정확한 위치에 박는 것이 더 중요하다. 마지막 장면에서 굿스피드가 했던 것처럼 가슴을 치듯 주사기를 꽂으면 위험하다. 갈비뼈 안쪽에 있는 심장에 정확히 꽂아야 한다.

야시경의 원리를 알면 옥에 티가 보인다

〈쉬리〉에서 유중원(한석규)과 다른 OP 요원들이 이방희가 남한의 주요 인사들을 살해하는 현장을 추적하기 위해 건물에 잠입하는 장면을 떠올려보자. 유중원과 그 일행은 야시경을 쓰고 어두운 건물을 수색한다. 그리고 이미 이방희에 의해 살해된 사람들의 시체를 발견한다. 그런데 여기서 강제규 감독은 실수를 범하고 만다. 바로 OP 요원들이 나이트 레이저Night Laser를 비추며 돌아다니고, 시체의 얼굴에 손전등을 비추는 장면에서이다. 만약 실제로 영화에서처럼 야시경을 쓴 상태로 전등의 불빛을 보게 된다면 한석규는 눈에 치명적인 부상을 입게 될 것이다. 야시경이란 주변의 미약한 불빛을 증폭해서 어두운 곳에서도 볼 수 있도록 만든 군사용 첨단 장비다. 야시경은 광 증폭기라 불리는 소자의 2차원 배열로 이루어져 있다. 광 증폭기는 '광전 효과'를 이용해서 빛 신호를 전기 신호로 바꿔서 증폭시킨 후에 이것을 다시 빛 신호로 바꾸어준다. 아인슈타인은 광전 효과를 발견한 공로로 1921년 노벨 물리학상을 수상하였다. 아인슈타인이 노벨상을 받은 업적은 상대성이론일 것이라고 생각하겠지만, 그 당시 상대성이론을 뒷받침할 명확한 실험적인 증거를 발견하지 못했기 때문에 노벨상을 줄 수 없었다.

광전 효과에 따르면, 빛이 금속판을 때리면 금속판 속의 전자가 빛 에너지에 비례하는 속도로 방출된다. 만약 밤하늘의 별빛처럼 아주 약한 빛이 금속판을 때린다면 에너지가 낮은 전자가 방출될 것이다. 이러한 전자에 전기장을 걸어주면 전자는 가속되면서 에너지를 얻게 된다. 이렇게 가속된 전자가 다시 형광판을 때리면, 이 전기 신호는 강한 광 신호로 바뀌게 되고 그러면 우리 눈의 시세포를 자극할 만큼 강한 시각 신호가 된다. 이러한 광 증폭기를 2차원으로 배열하면 마치 TV처럼 2차원 공간을 보여줄 수 있는 것이다. 이런 야시경만 있다면 밤하늘의 별빛으로도 우리는 세상을 환히 볼 수 있다.

물론 자동 광량 조절 장치가 있어 갑자기 불빛에 노출돼도 눈의 부상을 막을 수 있는 야시경이 개발되어 있기는 하다. 그러나 영화 속 설정이 엉터리인 이유는 야시경을 쓴 채 광원을 들고 돌아다닌다는 설정 자체에 있다. 야시경을 쓰는 이유는 광원을 사용하면 적에게 노출되기 때문에 광원 없이 상대나 주변 지형을 관찰하기 위해서이므로, 나이트 레이저나 손전등을 비출 거라면 굳이 야시경을 쓸 이유가 없기 때문이다. 언젠가 〈쉬리〉 제작 팀을 만난 적이 있는데, 그들도 촬영 당시 '야시경을 쓰고 전등을 비추는 장면'이 잘못된 설정인 줄 알았다고 한다. 그러나 장면 구성을 위해 어쩔 수 없이 그랬다는 얘기를 들었다.

야시경이 등장하는 가장 유명한 영화 장면은 〈양들의 침묵The Silence of the Lambs〉의 마지막 장면이다. 아무것도 보이지 않는 어두운 지하실에서 변태 살인마 버팔로 빌과 FBI 수사요원 클라리스 스탈링(조디 포스터)의 마지막 승부가 펼쳐진다. 버팔로 빌은 야시경을 쓰고 있기 때문에 칠흑같이 어두운 지하실에서도 그녀를 볼 수 있다. 공포에 떨고 있는 스탈링을 향해 내뻗은 살인마의 음흉한 손길. 그러나 동물적인 육감으로 스탈링은 그를 향해 총을 쏜다. 이 부분은 영화의 절정을 이루는 장면이다. 이 잊을 수 없는 명장면에서 야시경을 통해 보여지는 스탈링의 공포에 떠는 모습은 영화의 극적 긴장감을 더욱 고조시키는 역할을 한다.

영화 〈패트리어트 게임Patriot Games〉에서는 야시경에 관련해 〈쉬리〉보다 한 수 위인 장면이 나온다. IRA 테러 집단은 미국 해군사관학교 교수인 잭 라이언(해리슨 포드)을 죽이기 위해 그의 집에 잠입한다. 테러범들은 전기 공급을 차단해서 잭의 집을 완전히 어둡게 만든 후 숨 막히는 살인 게임을 벌인다. 그들은 야시경을 쓰고 잭과 그의 가족들을 찾아 나선다. 지하실에서 숨소리조차 죽이고 숨어 있는 잭의 가족들. 잭은 전기 공급을 다시 원상태로 만든 후에 테러범들을 기다린다. 잭의 일행이 숨어 있는 지하실로 테러범들이 들이닥치자 잭은 갑자기 불을 켠다. 그들은 아주 미약한 불빛으로도 사물을 볼 수 있는 야시경을 쓰고 있었기 때문에 갑자기 강한 빛이 들어오자 — 우리에겐 적당한 빛이었겠지만—눈에 심한 타격을 입게 된다. 야시경의 원리를 잘 알고 있었던 해군사관학교 교수다운 행동이었다.

사진 속 흐린 얼굴을 또렷하게 만드는 기술, 있다? 없다?

또 지적하고 싶은 부분은 OP 요원들이 남한에 침투한 테러단의 두목인 박무영(최민식)의 신원을 밝히기 위해 멀리서 촬영된 테러 요원들의 사진을 '화상 처리Image Processing' 하는 장면이다. 흐리게 찍힌 사진 하나에서 박무영의 얼굴을 확대한다. 그리고 몇 번 영상 처리를 하니 최민식의 얼굴이 또렷이 나타난다. 이런 장면은 할리우드 영화에서도 종종 볼 수 있다. 〈노 웨이 아웃No Way Out〉에서는 소련의 이중 스파이를 찾아내기 위해 단서가 되는 사진 속의 얼굴을 선명하게 하는 과정과, 그 사이 쫓고 쫓기는 캐빈 코스트너의 긴박감 넘치는 연기가 압권이었다. 〈에너미 오브 스테이트Enemy of the State〉에서도 살인 사건과 연관된 비디오테이프에 담긴 한 장면에서 얼굴 부분을 확대하여 진하게 처리하자 얼굴이 선명하게 드러나는 장면이 나온다. 과연 이런 일이 가능할까?

'화상 처리'라는 분야를 연구하는 공학자들의 꿈이 바로 위와 같은 기술을 개발하는 것인데, 이것은 아무리 디지털 기술이 발달하더라도 원리적으로 불가능한 일이다. 왜냐하면 이미지의 크기를 확대하면 화면을 구성하는 단위 입자들의 크기도 커지기 때문에 해상도는 그만큼 떨어지게 된다. 그렇게 되면 크게 볼 수는 있지만 자세히 볼 수는 없게 된다. 새로 정보를 창조하지 않는 한, 우리는 해상도와 크기를 저울질하지 않으면 안 되는 것이다. 화상 처리 기술은 대부분 주변의 노이즈를 없애거나 밝기 대비를 증가시켜 어두운 부분은 더욱 어둡게, 밝은 부분은 좀 더 밝게 만들어서 이미지를 좀 더 선명하게 만들어주는 보조적인 역할을 수행한다. 그러나 영화에서처럼 안개가 걷히듯 물체가 선명하게 드러나는 일은 불가능하다.

옥에 티만 있는 것은 아니다

마지막으로, 〈쉬리〉에서 가장 강한 인상을 남긴 첨단 과학기술 장치가 하나 있다. OP 특수요원 건물의 신원 확인 및 보안 시스템이 바로 그것이다. 손등에 있는 정맥 패턴으로 신원을 파악하는 보안 시스템이 영화 속에 등장한 것은 이 영화가 처음이었다.

정맥 혈관을 이용한 보안 시스템이 처음 연구되기 시작한 것은 1980년대다. 당시 미국 공군은 조종사들의 장갑을 만드는 과정에서 사람마다 손가락의 모양이나 두께, 길이 등이 조금씩 다르다는 것을 알게 되었다. 그 후 스탠퍼드 대학 연구 팀은 4000명의 손바닥 모양을 조사해본 결과 개인마다 독특한 특징이 있다는 것을 통계적으로 확인하였다. 이것을 이용한 손바닥 인식 시스템이 실제로 개발되었고 애틀랜타 올림픽 때 선수촌에서 출입보안용으로 사용되기도 했다. 이 인식 시스템의 경우, 정보 처리량이 적어서 쉽게 사용할 수 있긴 하지만, 오인식률도 높다고 한다.

그 후 눈에 보이지는 않지만 손등의 정맥 혈관 패턴도 지문처럼 사람마다 다르다는 사실을 알게 되었다. 〈쉬리〉에 등장하는 보안 시스템은 이것을 이용한 것인데, 인체에 무해한 적외선을 쪼여 피부에 대한 혈관의 밝기 대비를 최대화한 다음 정맥 분포를 인식하는 방식이다.

그렇다면 왜 하필 〈쉬리〉에 손등의 정맥 혈관을 이용한 신원 확인 시스템이 등장했을까? 사실 손등의 정맥 혈관을 이용한 보안 시스템은 우리에게 각별한 의미를 가진다. 왜냐하면 이 시스템을 우리나라가 세계 최초로 개발했기 때문이다. 정확한 이유는 알 수 없지만, 아마도 이런 이유로 〈쉬리〉에 등장하지 않았나 싶은데, 영화 속에 나오는 장면을 보니 꽤 그럴듯해 보였다.

〈쉬리〉 덕분에 잘 알려지지 않은 토종 관상어가 많은 사람들에게 알려지게 된 것이 이 영화의 가장 큰 미덕이라고 말하는 사람들도 있다. 그러나 뒤늦게 알려진 물고기 쉬리의 사진을 보면서 깜짝 놀랐다. 사진 속의 쉬리는 희귀한 물고기가 아니라 '휘리' 또는 '피리'라는 이름으로 불리던, 예전에 시골에서 흔히 볼 수 있던 민물고기였기 때문이다. 피라미보다는 크지만 은어보다는 작고, 개울이나 계곡에서 놀고 있으면 여러 마리가 떼 지어 돌아다니다가 작은 인기척에도 잽싸게 흩어지던 물고기가 바로 쉬리였던 것이다. 아이러니하게도, 최첨단 장비들과 특수 효과가 화면을 가득 메운 한국형 블록버스터 영화 덕분에 나는 어린 시절 바지를 걷고 놀던 한적한 시골 계곡의 추억을 떠올릴 수 있었다.

굴착기 기사들이
NASA 우주선을 몰고 지구를 구하다

아마겟돈
Armageddon

1997년 12월, 영화 〈딥 임팩트^{Deep Impact}〉가 한창 만들어지고 있을
무렵 흥행에 도움이 될 만한 아찔한 해프닝이 하나 발생했다. 국제천문
연맹은 '1997 XF11'이라 명명된 소행성 하나가 발견됐으며 2028년 10
월 27일 지구에 약 3만 9000킬로미터(지구와 달 사이 거리의 10분의 1)까지
접근할 것이며 만약 궤도의 불안정성이나 계산 착오로 인해 지구로 돌진

해올 경우 핵폭탄으로 이 소행성을 공격해야 할지도 모른다고 발표해 전 세계를 깜짝 놀라게 했다. 이 일은 다음 날 NASA의 정밀 판독 결과 '계산 착오(실제로는 100만 킬로미터)'로 판명되면서 웃지 못할 해프닝으로 끝났지만, 소행성과의 충돌이 엉뚱한 추측만은 아니라는 사실을 깨닫게 해준 계기가 되었다.

행성 충돌 시나리오

과연 지구가 소행성이나 혜성과 충돌할 확률은 얼마나 될까? 1980년 NASA가 후원했던 우주감시 워크숍Space-Watch Workshop에서 이 문제에 대해 열띤 토론이 벌어졌다. 전 세계 인구의 10퍼센트 이상이 감소하여 문명이 파괴될 정도의 충돌이 1년 안에 일어날 확률은 어느 정도 될까? 1만분의 1 정도라는 주장에서 100만분의 1이라는 주장에 이르기까지 여러 의견들이 있었는데, 최종적으로 NASA는 약 '30만분의 1'로 결론을 내렸다. 이 확률은 1년 안에 일어날 확률이므로, 우리가 앞으로 50년쯤 더 산다면 이 값에다 50을 곱해야 한다(오래 살수록 소행성과의 충돌로 죽을 확률은 더 높아진다?!).

이 정도 확률이라면 굉장히 낮다고 생각하는 사람들도 있을 것이다. 그들을 위해서(?) 참고로 말하자면, 우리가 1년 안에 비행기 사고로 죽을 확률은 약 75만분의 1, 또 자동차 사고로 죽을 확률은 5000분의 1이다. 1993년 9월 11일자 영국의 경제 전문 주간지 〈이코노미스트〉는 소행성 충돌이 일어날 확률을 약 '200만분의 1' 정도로 보는 보수적인 견해를 밝히기도 했으며, '10억 년에 한 번' 정도라는 어느 과학자의 계산 결과가 과학 저널에 실리기도 했다. 그러나 중요한 것은 그 값이 정확히 얼마인가가 아니라, 소행성 충돌로 인해 인류가 멸망할 확률이 확실히 존재한다는 사실이다. 〈딥 임팩트〉나 〈아마겟돈〉이 전혀 엉뚱한 시나리오는 아닌 것이다.

지구가 실제로 혜성이나 소행성과 부딪힌다면 그 충격은 어느 정도일까? 그 단적인 증거를 찾을 수 있는 사건이 1994년에 있었다. 그해 7월 '슈메이커-레비 9Shoemaker-Levy 9' 혜성이 목성과 충돌했다. 그 당시 반지름이 10킬로미터 정도인 혜성 조각 21개가 목성을 집중 공격했는데, 짙은 가스층으로 이루어진 목성 대기에 지구보다 두 배나 큰 구멍이 파였다.

이때 화력이 어느 정도였는지를 핵폭탄과 비교해보면 더욱 놀랍다. 천체물리학자 톰 게럴스Tom Gehrels는 제2차 세계대전 때 히로시마에 투하된 원자폭탄 에너지를 기준으로 소행성의 충격을 계산해보았다. 그에 따르면, 반지름 100미터급 소행성의 화력은 히로시마 원자폭탄 1000개와 맞먹는다고 한다. 참고로, 히로시마 원자폭탄의 에너지는 1만 3000톤의 TNT 폭탄 화력과 비슷하다. 반지름이 커지면 화력은 세제곱으로 늘어나게 되는데, 1킬로미터급 소행성은 100만 개, 10킬로미터급 소행성은 무려 10억 개의 원자폭탄을 동시에 터뜨린 정도의 충격을 만든다.

행성보다 먼저 막았어야 할 〈아마겟돈〉의 실수들

1998년 한 해 동안 전 지구를 강타한 영화 〈딥 임팩트〉와 〈아마겟

지름 1.2킬로미터의 구덩이를 만든 것은 불과 지름 50미터의 운석이었다.

미국 애리조나 주 배링거 크레이터(Barringer Crater)

돈〉, 이 두 영화 중에서 어느 영화가 더 잘 만든 작품일까? 두 영화를 비교하고 평가하는 기준은 여러 가지가 있을 수 있겠지만, 과학기술의 사실적인 묘사에 초점을 맞추어 비교해본다면, 〈딥 임팩트〉에 좀 더 높은 점수를 줄 수 있지 않을까 싶다.

우선 〈딥 임팩트〉는 뛰어난 SF 소설을 바탕으로 탄탄한 시나리오 위에 만들어졌다. 〈딥 임팩트〉는 SF 소설의 거장 '아서 클라크Arthur C. Clarke' 의 《신의 일격The Hammer of God》을 원작으로 만들어졌다. 많은 변형을 가하긴 했지만, 상황 설정, 혜성과의 충돌과 관련된 상당 부분, 그리고 그것을 막으려는 인류의 노력 등은 거의 소설과 같다. 두 번째는 혜성에 대한 묘사가 탁월하다는 점으로, 1994년 목성과 충돌했던 슈메이커-레비 9 혜성을 발견한 슈메이커 부부를 비롯해서 많은 혜성 전문가들이 과학기술 자문을 해주었다.

〈아마겟돈〉 역시 NASA에서 일했던 연구원들이 자문을 했다고 하지만, 여러 가지 엉성한 점들이 있다. 〈아마겟돈〉은 한마디로 소행성 판 〈인디펜던스 데이〉라고 볼 수 있다. 우선 상황 설정이 좀 억지스러운 면이 있다. 텍사스 주만 한 소행성이 돌진해오는 것을 18일 전에야 알아낸다는 것도 이해가 안 되고, 그것을 막기 위해 석유 굴착기 기사를 훈련시켜 우주로 내보낸다는 설정도 코미디에 가깝다. 차라리 우주 비행사에게 굴착기 기술을 18일 동안 가르치는 것이 훨씬 현명한 방법이 아닐까 싶다.

소행성에 대한 묘사도 엉망이다. 소행성과 혜성을 구별하는 명확한 기준은 없지만, 대부분의 소행성은 크기가 크고 궤도가 안정돼서 그 모양이 원형을 이룬다. 그런데 〈아마겟돈〉에 나오는 소행성은 전혀 소행성과

닮지 않았다. 소행성에서의 중력 묘사도 일관적이지 못하다. 소행성의 중력은 소행성마다 다르지만, 최소한 영화 속에서는 일관돼야 할 텐데 전혀 그렇지 않다. 우주 비행사들의 움직임은 지구에서와 유사한데, 중력이 작다면서 우주자동차 아르마딜로는 천천히 떠다닌다.

만약 영화에서 묘사된 대로 중력이 작다면 마지막 장면도 '옥에 티'가 된다. 무중력 혹은 중력이 작은 곳에서 생활하다 온 비행사들은 우주 비행에서 도착하자마자 들것에 실려 이동한다. 갑자기 중력이 세어지면 적응하지 못해 다리뼈가 제 몸을 지탱하기 힘들기 때문이다. 그래서 〈아폴로 13호 Apollo 13〉의 마지막 장면에서 톰 행크스도 보트와 들것에 실려 이동한다. 그런데 〈아마겟돈〉의 우주 비행사들은 우주선에서 스스로 내린 후 무슨 조폭들이 싸움하러 가듯 떼 지어 힘차게 걸어 나온다. 멋있긴 하지만 과학적으로 그럴듯한 장면은 아니다.

영화 vs 실제, 행성을 피하는 방법

다시 처음으로 돌아가 소행성의 크기에 따른 충돌시 충격을 계산해보자. 〈딥 임팩트〉에서는 지구가 혜성과 충돌을 하고 〈아마겟돈〉에서는 소행성과 충돌을 한다. 〈딥 임팩트〉에 나오는 혜성은 크기가 뉴욕 시(반지름 11킬로미터)만 하고 무게가 5000억 톤에 이른다. 〈아마겟돈〉에는 텍사스 주(약 900킬로미터) 크기만 한 소행성이 시속 5만 킬로미터로 날아온다. 텍사스 주만큼 큰 소행성은 매우 드문 편인데, 알려진 바로는 소행성 '세레스 Ceres'가 거의 유일하게 비슷한 크기를 가지고 있다. 물론 세레스가 지구로 돌진했다면 18일 훨씬 전부터 이미 알았겠지만 말이다.

앞에서 말한 것처럼 〈딥 임팩트〉에 나오는 10킬로미터급 혜성의 파괴력은 10억 개의 원자폭탄에 해당한다. 그렇다면 〈아마겟돈〉에 등장하는 텍사스 주만 한 크기의 소행성은 어느 정도나 될까? 계산하기가 겁날 정도다. 냉전 시대에 미국과 소련에서 만들었던 핵폭탄의 화력은 모두 합쳐 10메가톤 정도로, 이것은 히로시마 원자폭탄 770개의 화력에 해당한다. 그렇다면 〈딥 임팩트〉에 나오는 10킬로미터급 혜성의 파괴력은 그 130만 배에 해당한다. 지구상에 이런 핵폭탄이 1000여 개 정도 남아 있다고 알려져 있는데(정확한 숫자는 아무도 모를 것이다!), 그렇다면 지구상의 핵폭탄을 다 합쳐도 소행성 충돌에 비하면 '새 발의 피'인 셈이다.

TV 시리즈 〈X 파일〉에도 자주 등장하는 시베리아의 퉁구스카 지역은 60미터 정도 크기의 소천체가 돌진하여 쑥밭이 됐던 곳으로 유명하다. 1908년 6월 30일 소천체와의 충돌로 80킬로미터 상공까지 불덩어리가 솟아오르고 반경 20킬로미터 지역이 완전히 초토화되었으며 수만 평방킬로미터의 산림이 파괴되었고 수천 킬로미터 안의 창문이 모두 박살났다. 그런데 소천체의 정체가 정확히 밝혀지지 않아서 아직까지 미스터리로 남아 있다. 〈X 파일〉의 소재가 되기에 충분한 곳이다. 퉁구스카뿐만 아니라 지구상에는 소행성과의 충돌로 인해 생긴 구덩이가 지금까지 139개나 발견되었다. 소행성 충돌은 지구의 역사 속에서 종종 일어났던 사건인 것이다.

소행성과의 충돌을 막을 수 있는 방법은 무엇일까? 〈딥 임팩트〉에선 혜성에 5000킬로톤급 핵폭탄 8개를 100미터 깊이 정도 박아서 우주에서 폭파시키고 〈아마겟돈〉에선 240미터 깊이에 핵폭탄을 박아서 박살 낼 수 있다고 주장한다. 물론 말도 안 되는 소리다. 지구상에 있는 핵폭탄을 모두 합쳐도 돌진해오는 소행성을 폭파시키기에는 역부족인 데다가 깊이 수백 미터 정도에 박아서 소행성이 둘로 쪼개지는 일은 결코 일어나지 않는다.

실제로 소행성이 돌진해온다면 과학자들은 핵폭탄으로 혜성이나 소행성을 폭파시키려는 시도는 하지 않을 것이다. 폭파시킬 수도 없을뿐더러 폭파된다 하더라도 파편이 어떻게 진행될지 전혀 예측할 수 없어 오히려 긁어 부스럼이 될 수도 있기 때문이다. 가장 그럴듯한 대처 방법은 돌진하는 소행성이나 혜성의 궤도를 수정하는 방법이다. 혜성의 중심 코마 Coma는 얼음과 가스 덩어리로 이루어져 있다. 만약 진행하는 혜성의 지표면 앞부분을 초강력 레이저로 뚫으면 안에 있던 가스가 분출돼서 혜성의 속도는 느려지고 가스 분출 방향에 따라 궤도가 바뀔 수 있다.

혜성의 표면에 초강력 로켓 엔진을 장착하는 방법도 가능하다. 문제는 수천억 톤의 무게로 시속 수만 킬로미터로 돌진해오는 소행성이나 혜성의 궤도가 이 정도 힘으로 수정될 수 있을까 하는 것인데, 그러기 위해서는 무엇보다도 충돌 가능성을 빨리 예측하여 먼 거리에서 궤도 수정을 시도하는 것이 중요하다. 먼 거리에서는 약간의 변화만 주어도 지구에서 점점 멀어지게 할 수 있다. 만약을 위해서 지구에 대피용 돔을 설치해두는 것도 좋겠지만 2년 정도 지낼 수 있는 것으론 부족한 감이 있다.

과학자들은 대략 10년 정도 미리 충돌 가능성을 알 수 있는 상황이라면 이런 방법을 쓸 수 있을 것으로 내다보고 있다. 그러나 현재 기술로는 약 6개월에서 1년 전에야 알아낼 수 있다. 이처럼 소행성이나 혜성을 발견하고 궤도를 예측하는 일은 결코 쉬운 일이 아니다. 〈딥 임팩트〉에선 2년 전의 사진 한 장만으로 충돌 여부를 알아낸다. 영화에서 울프 박사는 피자를 먹으며 컴퓨터를 몇 번 두드리고는 혜성의 궤도를 계산해내지만, 실제로는 이보다 훨씬 더 복잡하고 오랜 계산이 필요하다. 혜성이나 소행성은 빛이 미약한 다른 별들과 구별하기가 힘들고 태양빛에 가릴 경우 발견하기도 어렵다. 또 오랜 관측 자료 없이 사진 한 장만으로 쉽게 궤도를 계산하는 것은 더더욱 힘든 일이다.

NASA에서는 1996년 근접 소행성 탐사계획 NEAR^{Near Earth Asteroid Rendezvous}라는 프로젝트를 추진할 때부터 전용 탐사선을 발사해 지구 가까이에 있는 소행성과 혜성을 관측하는 연구를 시작했다. 그러나 문제는 돈이 많이 든다는 것이다. 〈이코노미스트〉에 따르면, 처음 수년간은 5000만 달러씩, 그 후론 매년 1000만 달러씩 25년간 투자해야 지구를 안전하게 지킬 수 있다고 한다.

과학자들의 자문을 받았다고는 하지만 〈딥 임팩트〉에도 과학적인 오류가 없는 것은 아니다. 위에서 말한 것 외에도 몇 가지가 더 있다. 〈딥 임팩트〉의 마지막 장면에서 주인공 소년 비더만과 그의 연인은 바다에 떨어진 혜성이 만들어낸 거대한 해일을 피해 산으로 올라간다. 해일은 뉴욕 시를 덮치고 마을을 순식간에 물바다로 만들어버린다. 그러나 산으로 피신한 이들은 살아남는다.

그러나 실제로 혜성과 충돌했을 때 산으로 올라간다고 해서 안전한 것은 아니다. 혜성과 충돌하면 지구의 오존층이 파괴되어 강한 자외선에 그대로 노출되기 때문에 지상에 있다는 것 자체가 위험하다. 그리고 아무리 혜성이 바다에 떨어졌다 하더라도 지층의 먼지나 가스층이 위로 올라오기 때문에 질식해 죽거나 곧이어 몰아닥칠 '우주 겨울'로 얼어 죽게 된다. 신속히 안전한 곳으로 대피해야 하겠지만 안전한 곳이 어딘지는 잘 모르겠다.

쥬라기 공원에는
쥬라기 공룡이 없다?

쥬라기 공원
Jurassic Park

누구나 한 번쯤 엉뚱한 영화 제목 때문에 의아해했던 경험을 가지고 있을 것이다. 영화 〈서편제〉에 등장하는 판소리의 대부분이 실제로는 '동편제'이며, 영화의 클라이맥스에 등장하는 오정혜의 목소리도 동편제의 명창인 안숙선 선생의 소리라는 사실은 국악을 어느 정도 아는 사람들의 실소를 자아내기에 충분했다.

테리 길리엄Terry Gilliam이 만든 SF 걸작 〈브라질Brazil〉의 비디오 출시명도 엉뚱하긴 마찬가지다. 〈브라질〉의 우리나라 비디오 출시명인 '여인의 음모'는 SF 영화 팬들의 입에 자주 오르내리는 '엉뚱한 영화 제목' 중 하나인데, 실제로는 이 영화에 '여인의 음모'가 전혀 등장하지 않는다. 게다가 내 친구들은 여인의 음모가 노출된 장면을 기대하며 이 영화를 봤다가 낭패를 보기도 했다. 비디오 제목을 붙인 사람들 입장에서는 성공한 것이었겠지만 말이다. 원제인 '브라질'도 다소 엉뚱하게 붙여진 제목인데, 어떤 이들은 이 영화가 관료주의를 꼬집고 있어 관료주의가 팽배한 '브라질'을 제목으로 사용했다는 식의 확대 해석을 내놓기도 했다. 그러나 실제로는 테리 길리엄이 이 작품을 쓸 때 굉장히 유행했던 노래 제목이었다고 한다.

〈스타 워즈Star Wars〉도 별(항성)들의 전쟁은 나오지 않고 행성들 간의 전쟁을 다룬 영화이므로, 정확히 표현하자면 '플래닛 워즈Planet Wars'라고 해야 옳다. 관객들이 영화에 대해 가장 먼저 접하게 되는 정보인 제목을 소홀히 붙인다면 감독 스스로가 영화에 대한 편견을 부추기는 꼴이 된다.

더욱 난감한 일은 감독과 관객 모두가 잘못된 제목이라는 사실조차 깨닫지 못하는 경우다. 특히 그것이 SF 영화라면 잘못된 과학 지식을 상식으로 굳어지게 만드는 실수를 범하게 된다. 〈쥐라기 공원〉이 바로 그런 영화다.

미스캐스팅, 티라노사우루스

이 영화에는 생물학자가 아니더라도 공룡을 좋아하는 사람이라면 누구나 쉽게 발견할 수 있는 '옥에 티'가 있다. 그것은 〈쥬라기 공원〉에 등장하는 공룡들이 대부분 쥬라기가 아닌 백악기 말기의 공룡들이라는 사실이다. 영화의 주인공인 티라노사우루스와 벨로키랍토르는 백악기에 번성했던 육식 동물이고, 코뿔소를 닮은 트리케라톱스 역시 백악기 때 살았던 공룡이다. 영화에 등장하는 주연급 공룡들 중에서 목이 긴 초식 공룡 브라키오사우루스만이 쥬라기 시대에 나타나 백악기 시대에 번성했던 녀석이다.

언젠가 미국 하버드 대학교의 저명한 진화생물학자 스티븐 제이 굴드Stephen J. Gould는 마이클 크라이튼Michael Crichton에게 책 표지와 영화 포스터에 어째서 백악기의 공룡인 티라노사우루스를 실었느냐고 물은 적이 있다. 그러자 그의 대답은 예상외로 솔직했다. "세상에! 그 점은 전혀 생각을 못 했습니다. 우리는 그저 이미지에만 매달리다가 티라노사우루스가 괜찮아 보이길래 그걸로 결정했거든요."

〈백악기(?) 공원〉은 과학 영화 사상 과학자들 사이에서 가장 큰 논쟁거리가 된 작품 중의 하나다. 아직까지도 6500만 년 전에 멸종된 공룡을 다시 소생시킬 수 있는가에 대한 논쟁은 계속되고 있다. 만약 DNA만으로 살아 있는 생명체를 탄생시킬 수 있다면, 아마도 과학자들은 제일 먼저 호박 속의 DNA로 공룡을 부활시키는 일에 착수할 것이다.

공룡들의 부활이 과학적으로 과연 가능한가에 관한 본격적인 문제로 들어가기에 앞서, 먼저 이 책의 최연소 독자를 위해 〈쥬라기 공원〉의 줄거리를 간단하게 소개해야 할 것 같다. 한 사업가가 살아 있는 공룡들을 테마로 한 공원을 조성한다. 그는 호박 속에 갇혀 화석이 된 모기 체내에서 멸종한 지 6500만 년이 지난 공룡의 피를 채취해 공룡 DNA를 얻는 데 성공한다. 그가 고용한 과학자들은 이 공룡의 DNA를 개구리 모세포에 주입해 알을 만들고 발생학상의 진화를 유도한다. 이렇게 해서 다양한 종류의 공룡들이 부활한다. 그것도 자유로운 번식을 막기 위해 암컷들만. 그러나 인간들의 음모와 기술상의 부정 행위, 그리고 무엇보다도 통제 불가능해진 시스템으로 인해 대혼란이 야기된다.

사람들의 가장 큰 호기심은 호박 속에 갇힌 중생대 모기의 피에서 공룡의 DNA를 추출해서 공룡을 부활시키는 일이 과연 가능할까 하는 것이다. 호박 속의 곤충 화석을 이용한 공룡의 부활 문제는 마이클 크라이튼이 제일 먼저 생각한 아이디어는 아니었다. 이 아이디어는 그가 책을 집필하기 전 이미 몇몇 과학자들 사이에서 일종의 백일몽으로 논의된 바 있었다. 마이클 크라이튼은 이러한 가상에 그의 문학적인 상상력과 과학 지식을 더하여 전 세계가 열광한 SF 영화의 원작 소설을 만들어낸 것이다.

공룡은 정말 부활할 수 있을까

그렇다면 우리는 언제쯤 '쥬라기 공원'에서 맘껏 중생대 지구의 숨결을 만끽할 수 있을까? 공룡의 부활 문제는 크게 두 가지로 나누어 생각해볼 수 있다. 하나는 수천만 년이나 된 화석 속에서 온전히 보존된 공룡 DNA를 추출할 수 있느냐 하는 것이고, 다른 하나는 DNA만으로 생명체를 탄생시킬 수 있는가 하는 것이다.

1984년 고생물학자들은 멸종된 동물의 DNA를 추출하는 데 최초로 성공했다. '콰가Quagga'라고 불리는 이 동물은 얼룩말처럼 생긴 포유동물로서 140년 전에 멸종했다. 1985년에는 4400년 전에 죽은 이집트 미라의 DNA를 추출했으며, 그 후로도 5300년 전 석기시대에 살다가 죽은 '아이스맨'과 4만 년 전에 살았던 매머드의 유전 물질을 추출하기도 했다. 특히 1993년 6월 고생물학자들은 레바논에서 발견한 1억 2500만 년 된 호박에서 곤충 바구미의 DNA를 추출하는 데 성공했다. 바구미는 초식 곤충이어서 공룡의 DNA를 얻을 수는 없었지만 공룡이 살던 시기에 존재했던 곤충이고, 〈쥬라기 공원〉의 개봉과 때마침 맞물려 발표돼 많은 관심을 끌었다.

호박 속에 갇힌 곤충으로부터 온전히 보존된 DNA를 추출할 수 있다고 주장하는 대표적인 과학자는 캘리포니아 주립 공과대학의 라울 카노Raul Cano 박사다. 그는 1993년 바구미의 화석으로부터 DNA를 추출했을 뿐 아니라 1995년에는 2500만 년 전쯤에 살았던 것으로 추정되는 벌에 기생하는 박테리아를 호박 속에서 찾아내 다시 생명을 불어넣기도 했다. 고대 동물의 DNA를 찾아낼 수 있다고 믿는 긍정론자들은 대부분 그의 주장을 따르고 있다.

그러나 반대 진영의 반론도 만만치 않다. 영국 자연사 박물관의 분자생물학자 리처드 토마스Richard Thomas 박사는 "설령 호박 속에서 많은 양의 DNA를 찾더라도, 그것은 심하게 변형된 상태일 겁니다"라고 말한다. 호박의 주성분인 송진이 그렇게 단단한 유전자 보존 창고가 아니라는 것이다. 토마스 박사는 그의 연구생들과 함께 호박 속에 보존된 파리 표본을 연구했다. 약 400만 년 전의 것으로 추정되는 이들 표본 중에는 유전자를 복구했다고 보고된 도미니크 호박에 들어 있던 표본도 포함되어 있었다. 그러나 그들은 그 속에서 DNA를 발견할 수 없었다. 15개의 표본을 조사했지만 모두 허사였다. 이에 덧붙여 그는 호박 속에서는 DNA가 온전한 상태로 남아 있기 힘들 뿐 아니라, DNA를 추출하는 과정에서 다른 DNA에 오염될 가능성이 매우 높으며 추출한 DNA가 어느 시대의 DNA인지 구별하기가 매우 힘들다는 사실도 알아냈다. 그리고 그는 지금까지 학계에 보고된 연구 결과도 믿을 수 없다는 입장을 표명했다.

영국의 자연사 박물관이 부정적인 결과를 발표하자 미국의 자연사 박물관도 이에 동조하는 의견을 냈다. 미국 스미스소니언 박물관 마이클 브라운Michael Brown 박사 역시 "고대 동물의 DNA를 복원하는 이야기는 이제 끝났다"며 허탈해했다.

그 후 많은 과학자들은 지난 수년 동안 호박 속에서 발견된 고생물들의 유전 물질이 모두 심하게 변형된 상태였다는 연구 결과를 내놓았다. 생물학자들은 유전자의 분자 구조는 깨지기 쉽기 때문에 호박 속에서 100만 년도 견디기 힘들다고 말한다. 최근 발견된 네안데르탈인의 DNA는 겨우 3만 년에서 10만 년 정도 된 것이다. 1990년대 초반부터 그동안 호박 속에 보존된 DNA를 발견했다는 보고가 몇 차례 있긴 했지만 그 후의 연구는 아무런 성과도 얻지 못한 채 끝나버렸다.

생물학자들이 꼽는 영화 〈쥬라기 공원〉의 과학적인 오류 중에는 영화에 등장하는 호박의 원산지에 관한 이야기도 있다. 〈쥬라기 공원〉에 등장하는 호박은 도미니카 공화국에서 발견된 것으로 설정되어 있다. 예전

만약 온전히 보존된 DNA를 추출할 수만 있다면
그것으로 공룡을 태어나게 할 수 있을까?
개미가 들어 있는 발트해 연안의 호박

©Anders L. Damgaard

부터 도미니카 공화국은 곤충이 들어 있는 호박이 많이 발견되는 곳으로 유명하다. 그러나 도미니카 호박은 2000만 년 전에서 4000만 년 전의 것이 대부분이어서 공룡이 살았던 시대(2억 3000만 년 전에서 6500만 년 전)와는 큰 차이가 있다. 공룡이 살았던 시대의 호박이 발견되는 곳은 주로 미국의 알래스카, 캐나다의 시다 호수와 그래시 호수, 일본의 초시와 구지 지역, 영국의 와이트 섬, 이스라엘, 레바논 등지이다.

거대한 숙제들

만약 온전히 보존된 DNA를 추출할 수만 있다면 그것으로 공룡을 태어나게 할 수 있을까? 분자생물학자들은 그것 역시 쉽지 않다고 말한다. DNA는 생물체의 구조와 기능을 총괄하는 설계도이지만 그것만으로 생명체가 완성되는 것은 아니다. 유전자 배열이 완벽하게 재구성된다고 하더라도 생명이 탄생하려면 수정란 속에 적절한 환경이 갖추어져야 한다. 그렇지 않으면 배자가 형성되지 않아 모(母)유전자의 복잡한 배열이 수정란 내부에 제대로 자리 잡지 못해 더 이상 발생 과정이 진행될 수 없다. 따라서 쥬라기 공원의 과학자들이 공룡의 DNA로 공룡을 부활시키기 위해서는 온전한 공룡 DNA뿐 아니라, 알 내부에 적절한 단백질과 효소들을 만들어내는 데 필요한 어미의 유전자까지 알아내야 한다. 갈수록 태산이라고 할까?

마이클 크라이튼도 이러한 한계를 누구보다 잘 알고 있었을 것이다. 그래서 영화에서 쥬라기 공원의 대부인 존 해먼드 박사는 자신의 과학자들이 공룡 암호 전체를 재구성해내지는 못했으며 그래서 불완전한 부분을 개구리 DNA로 메웠다고 말한다.

그러나 자연의 복잡성과 카오스를 연구하는 물리학자들에게 이러한 문제는 환원주의자[Reductionist](전체 시스템을 이루고 있는 요소를 제대로 이해하기만 하면 전체 시스템의 운동을 완벽히 알 수 있다는 환원주의적 믿음을 가진 사람)의 오류로밖에 보이지 않는다. 영화에서 이언 맬컴 박사가 주장하듯, 유기체는 단순히 부분들의 총화로 만들 수 있는 것이 아니다. 유기체는 부분들의 긴밀한 상호작용에 의해 새로운 특성이 창발되는 카오스 시스템이라고 볼 수 있다. 전체는 단순히 부분의 합이 아니라 그 이상의 것이라는 얘기다. 필요한 조각들의 80퍼센트를 모아놓고 거기에다 20퍼센트는 진짜와 유사한 것을 덧붙인다고 해서 제 기능을 하는 완성품이 나오지는 않는다. 최근 난자에 체세포 핵을 주입해 배아 세포를 만들어내는 연구 결과들이 계속 보고되고 있긴 하지만, 그 수정란들이 온전한 생명체로 성장할 것이냐는 오래 두고 봐야 할 문제다.

이 영화의 원작 소설은 카오스 전문가인 이언 맬컴 박사의 목소리를 통해 영화에서보다 훨씬 심오한 이야기를 들려준다. 원작은 '쥐라기 공원'을 만들 수 있을까 하는 문제보다 쥐라기 공원이 완전한 통제 속에 유지될 수 있을까에 대해 심각한 의문을 제기한다. 왜냐하면 공룡을 부활시키고 쥐라기 공원 자체를 유지하기 위해서는 자연의 카오스적인 성질을 통제해야 하는 숙제를 풀어야 하기 때문이다. 카오스를 전공한 물리학자에게 쥐라기 공원은 위태롭기 짝이 없는 혼돈스런 시스템으로 보인다.

원작에서 맬컴 박사는 쥬라기 공원이 어느 날 갑자기 극적으로 붕괴할 수밖에 없다고 주장한다. 전자 통제 시스템은 너무나도 복잡하고 각 부분들이 상호의존적이어서 한 부분이 잘못되면 필연적으로 전체 시스템이 작동할 수 없게 될 뿐만 아니라, 우리가 미처 예견하지 못한 일이 시스템 내에서 벌어질 수 있다는 것이다. 따라서 쥬라기 공원은 다른 자연계와 마찬가지로 '카오스'로 인한 예측 불가능성, 강한 우연성, 상호작용을 통한 새로운 사건 창발 등에 시달릴 것이 틀림없다. 이와는 반대로 영화 속의 맬컴 박사는 우리가 예정된 자연의 질서를 벗어난 데에 대한 인과응보적인 보복을 당하게 될 것이라는 도덕군자 같은 이야기를 늘어놓는다.

진화론적인 관점에서 보면, 설령 공룡을 부활시킨다 하더라도 공룡이 실제로 살아남을 수 있을지는 여전히 의문으로 남는다. 중생대에 적응된 DNA를 통해 부활한 공룡이 과연 지금의 환경에 적응할 수 있을까? 날씨와 기후, 전혀 다른 자연환경은 그들의 생존을 위협하는 요소가 될 것이다. 현재의 동식물들을 먹이로 먹었다가는 소화불량에 걸릴 수도 있다. 그렇다고 중생대 자연환경을 조성해주자니 그 당시의 동식물들을 전부 부활시켜야 하는 만만치 않은 어려움이 따른다.

분자생물학과 유전공학이 좀 더 발달하게 되면 보지도 못한 공룡을 부활시키는 일에 앞서 인간의 환경 파괴로 인해 멸종된 동물들을 다시 부활시켜 볼 수 있게 되길 바란다. 그것이 과학자가 그동안 자연에게 진 빚을 갚는 방법이 아닐까?

Cinema
6

실베스터 스탤론이 무슨 금붕어냐?

데몰리션 맨
Demolition Man

가끔 교육 방송이나 과학 관련 TV 프로그램에서 '금붕어 급랭 실험'을 보여주곤 한다. 살아 있는 금붕어를 영하 196℃ 액체 질소에 넣으면 순식간에 얼어버린다. 언 물고기를 얼마 후 해동시켜 물에 넣어주면 다시 살아나 헤엄치기 시작한다. 얼마나 신기한 일인가? 그러나 이 실험에는 약간의 오해가 있다. 실제로 금붕어 어항을 액체 질소에 넣으면 금붕어 주위의 물만 순식간에 얼 뿐, 금붕어는 얼지 않는다. 그래서 해동시키면 다시 살아날 수 있는 것이다.

물이 얼음으로 변하면 부피가 10퍼센트 정도 늘어난다는 사실은 잘 알고 있을 것이다. 동물의 몸이 얼면 체내의 수분이 얼음 결정을 형성해 조직을 파괴한다. 또 얼음 결정이 생기면 세포는 탈수 현상으로 인해 쭈그러지고 만다. 그렇게 되면 해동을 해도 다시 살아나지 못한다.

의협심 강한 경찰, 냉동 감옥 70년 형을 선고받다

금붕어 실험을 유심히 본 영화 제작자들의 상상력으로 만들어진 영화가 있다. 바로 〈데몰리션 맨〉. 영화의 시작은 1996년 로스앤젤레스, 30명의 인질을 가둔 테러범 사이먼 피닉스(웨슬리 스나입스)와 경찰 존 스파르탄(실베스터 스탤론)의 한판 승부가 벌어진다. 결과는 전투력이 한 수 위인 실베스터 스탤론의 승리! 웨슬리 스나입스를 멋지게 냉동 감옥으로 보낸다. 그러나 스탤론도 실수로 인질 30명이 갇힌 건물을 폭파시키는 바람에 '매우 심한' 업무상 과실치사죄를 범해 냉동 감옥 70년 형을 선고받는다.

냉동 감옥Cryo Prison이란 사람을 급랭시켜서 수십 년간 가둬두는 미래형 감옥이다. 생명유지 프로그램과 재활교육 프로그램을 통해 무의식 상태에서 죄수의 의식을 개조하는 요상한 감옥이다. 홀딱 벗은 실베스터 스탤론을 순식간에 냉동시키는 장면은 이 영화의 가장 근사한 볼거리다. 완전히 금붕어 얼리듯 실베스터 스탤론을 얼린다.

이 장면은 과학적으로 명백한 오류다. 실베스터 스탤론은 금붕어가 아닐뿐더러 금붕어라고 해도 70년간 그렇게 보존될 수는 없을 것이다. 그렇다고 해서 〈데몰리션 맨〉에 등장하는 '인간 냉동 기술^{Cryogenics}'이 완전히 엉터리란 얘기는 아니다. 만약 냉동시켰을 때 체내에 얼음 결정이 생기지 않도록 할 수 있다면 조직이 파괴되지 않은 상태로 보존할 수 있으므로 냉동 보존이 가능할지도 모른다. 따라서 냉동 기술의 핵심은 바로 얼음 결정의 형성을 막는 데 있다.

현재 연구 중인 냉동 기술의 원리는 간단하다. 삼투압을 이용해 체내의 수분을 빼내고, 대신 글리세린 같은 동결 보호제를 투입해 동결시키면 조직이 파괴되지 않는다. 해동할 땐 그 역과정을 수행하면 세포는 다시 활동하게 된다. 한 개의 세포를 동결했다가 해동하는 것은 일찍부터 실험되어왔다. 그러나 동결 대상이 수정란 수준으로만 올라가도 세포가 크고 복잡해져서 냉동 기술은 상당히 어려워진다. 1970년대가 돼서야 수정란 냉동 기술이 성공한 것도 이 때문이다.

그렇다면 냉동 기술은 현재 어느 정도 수준에 와 있을까? 몇 년 전 항온동물인 개와 토끼를 동결했다가 해동하는 데 성공했다는 보고가 있었다. 다시 말해 꽤 높은 수준에 와 있다는 의미인데, 그렇다면 과연 인간의 냉동 보존도 가능한 걸까?

부활을 꿈꾸며 얼어 있는 사람들

1964년 미국의 에팅거$^{Robert\ Ettinger}$ 교수는 인간을 냉동시켜 보존하

냉동인간들은 미래의 삶을 기다리고 있지만,
불행히도 먼 미래에 다시 해동한다고 해서
살아난다는 보장은 전혀 없다.

는 것이 가능하며, 해동시키면 다시 살아날 수 있다는 주장을 처음으로 학계에 발표했다. 사람의 경우엔 동물들과는 다른 문제점들이 있을 수 있겠지만 동물 실험의 성공을 통해 추측해보면 원리적으로는 가능할 것이다. 1997년 복제 양 돌리의 탄생 과정에도 냉동 보존 기술이 성공적으로 쓰였다는 사실은 인간의 냉동 보존 역시 가능하다고 주장하는 일부 과학자의 주장에 무게를 실어주었다. 인간을 냉동시켰다가 해동하면 다시 살아날지는 아직 실험된 적이 없는 걸로 알고 있지만 미국에서는 이미 냉동 상태에 들어간 사람이 상당수 있다.

최초의 냉동 인간은 미국의 심리학자 베드퍼드[James Bedford] 박사로서 1967년 당시 75세였던 그는 사망 직전 냉동 상태에 들어갔다. 인간 냉동 기술의 메카는 미국 애리조나 스코츠데일에 본부를 둔 알코어 생명연장 재단이다. 이곳에서는 사망 직후의 시체를 의학이 발달한 먼 미래에 다시 살려낼 수 있도록 냉동 상태로 보존하는 일을 한다. 이 재단은 1972년 설립 당시 로스앤젤레스 동쪽 리버사이드에 위치하였으나, 1994년 3월 애리조나로 옮겼다. 로스앤젤레스 대지진이 일어나고 캘리포니아를 세로로 가로지르는 활단층이 앞으로 100년 안에 최대 지진을 일으킬 것이라는 예측이 나왔기 때문이다.

이곳 냉동 캡슐을 예약해놓은 사람들은 모두 연회비 200달러와 사망시 전신 냉동 보존료 10만 달러, 두부頭部 냉동 보존료 3만 5000달러의 비용을 받는 생명보험에 가입해야 한다. 재미있는 것은 실베스터 스탤론도 그중 한 명이라는 소문이 있다는 것이다(계약자의 신원은 극비 중의 극비다).

영화 속 냉동 인간, 무엇이 문제일까

〈데몰리션 맨〉과 〈멜 깁슨의 사랑 이야기Forever Young〉와 같이 냉동 인간이 등장하는 영화에서 자주 범하는 과학적인 오류가 있다. 그것은 냉동 상태인 주인공들의 피부가 보통 사람처럼 발그레하다는 점이다.

냉동 과정을 조금만 생각해본다면 왜 그럴 수 없는가를 금방 알 수 있다. 냉동 인간을 만드는 과정은 매우 복잡하고 오랜 시간이 필요하다. 먼저 알루미늄 관에 눕힌 유체의 체온을 서서히 내려 30분 이내에 3℃ 정도까지 내린다. 다음에는 혈액 등 신체의 수분을 모두 제거한다. 혈액을 빼내는 데 걸리는 시간은 대략 12시간 정도이며 피 대신 동결 방지제를 주입한다. 따라서 냉동 인간의 몸에는 피가 없다. 그러니 얼굴이 하얗게 변할 수밖에 없다.

〈멜 깁슨의 사랑 이야기〉의 경우 냉동 캡슐의 뚜껑을 열자마자 주인공이 움직이기 시작하는데 이것 역시 옥에 티다. 냉동 보존을 할 때에는 동결 방지제를 주입한 후 급속 냉동으로 영하 79℃까지 온도를 낮춘다. 마지막으로 유체를 장기 보존할 수 있도록 영하 196℃의 액체 질소 캡슐에 넣어 보관한다. 해동 과정은 그 역순이다. 따라서 해동하는 과정도 상당히 오랜 시간과 절차가 필요한 작업이다. 군대 창고에 놀러 간 아이들이 실수로 냉동 캡슐의 뚜껑을 연다고 해서 53년 동안 잠자고 있던 냉동 인간 멜 깁슨이 벌떡 깨어나는 것은 아니다.

앞으로 냉동 보존 기술은 인간의 생명을 연장하는 데 이용될 가능성이 높다. 그러나 아직 충분한 연구가 이루어지지 않았으며 한 번도 성공한

적이 없다는 사실, 그리고 사람을 대상으로 하는 실험이기에 쉽게 시도하기 힘들다는 점에서 널리 활용될 수 있을지는 의문이다. 현재 알코어 재단에 보존되어 있는 냉동 인간들도 먼 미래에 다시 해동한다고 해서 살아난다는 보장은 전혀 없다. 미래에 발전된 과학기술로 보았을 때 냉동 과정에 문제가 있었다면 상황은 더욱 심각해진다. 게다가 부활한다고 해도 기억을 회복할 수 있을지 의심하는 신경과학자들도 많다. 기억의 회로에 해당하는 신경세포의 연결은 온전한 보존이 어려울 뿐 아니라, 원상태로 되돌리기도 힘들기 때문이다. 사랑하는 연인이 다시 살아나기를 기다렸는데 부활한 애인이 "당신은 누구십니까?" 하고 묻는다면 얼마나 허탈한 노릇일까?

Cinema
7

고질라의 임신은
자가진단 키트로 확인할 수 없다

고질라
Godzilla

해마다 아카데미상 시상식 시즌이 되면 미국 '골든 라즈베리 상 The Golden Raspberry Awards' 재단에서는 그해의 최악의 영화를 선정하는 시상식을 갖는다. 해마다 거물급 블록버스터 영화들 중에서 헛돈 쓴 영화들이 후보에 오르고, 연기력이 부족한 스타급 배우들이 단골로 수상한다. 실베스터 스탤론은 23번이나 골든 라즈베리 상 남우주연상 후보에 올랐으며, 〈스트립티즈Striptease〉의 데미 무어 역시 해마다 거론되는 수상 후보자 중 하나다.

1980년부터 제정된 이 상의 1999년 '최악의 영화' 수상작으로 〈아마겟돈〉과 〈고질라〉가 치열한 경쟁을 벌였다. 그 결과 〈고질라〉는 최악의 리메이크 필름으로 뽑혔으며, 〈아마겟돈〉의 브루스 윌리스는 최악의 남자 배우로 선정됐다. 한 영화 잡지사에서 주관하는 '과학자들이 뽑은 최악의 영화' 역시 〈고질라〉가 〈인디펜던스 데이〉와 〈페이스 오프Face/Off〉의 영광을 이었다. 대중의 평가도 별반 다르지 않았는데, 한 방송사에서는 고질라를 '연인끼리 보면 사이가 나빠지는 영화 5위'에 올리며 이 영화를 본 연인들의 상황을 이렇게 얘기하기도 했다. "니가 먼저 보자 그랬지?", "니가 먼저 보자 그랬잖아!" 자, 그럼 이제 〈고질라〉에 나오는 과학적인 오류들에 대해 차근차근 짚어보도록 하자.

실수투성이 영화

〈고질라〉는 일본 도호 영화사가 제작한 일본 영화 〈고지라〉가 원작이다. 1954년 3월 1일 미국은 서태평양 미크로네시아의 비키니 섬에서 수소폭탄 실험을 실시했다. 당시 미군은 실험 지역 130킬로미터 이내로 접근하는 모든 선박을 통제했다. 그러나 핵폭발 뒤 167킬로미터 밖에서 조업 중이던 일본의 참치잡이 어선 '제5후쿠류마루'의 선원들은 방사능 낙진을 뒤집어써서 끔찍한 질병에 걸리고 말았다. 그로부터 몇 달 뒤 만들어진 영화가 바로 〈고지라〉다. 핵 실험의 부작용으로 태어난 돌연변이가 고지라가 일본열도를 습격한다는 줄거리의 이 영화는 제2차 세계대전 때 원폭의 아픔을 겪어야 했던 일본인들에게 큰 반향을 일으켰다. 그 후 일본에서는 22편의 속편이 만들어졌으며, 〈모지라〉나 〈미니라〉 같은 아류작들이 탄생하기도 했다.

〈고질라〉는 〈인디펜던스 데이〉의 성공에 힘입어 다시 한 번 초대형 블록버스터에 도전했던 롤란트 에머리히^{Roland Emmerich} 감독의 야심작이다. 그러나 일본판을 능가할 것이라는 기대 심리가 컸던 만큼 관객들의 반응은 아쉬움을 넘어 허탈감에 가까웠다. '고질라'는 프랑스 핵 실험으로 인한 방사능에 노출돼 돌연변이가 된 거대 도마뱀이다. 이번에는 1995년 국제 사회의 비난에도 불구하고 강행됐던 프랑스의 핵 실험이 재앙의 주범으로 나온다. 고질라의 길이는 무려 121미터, 섰을 때 키는 55미터, 몸무게는 6만 톤에 이른다. 이 거대 괴물이 뉴욕 시내를 쑥대밭으로 만든다는 내용이 영화의 줄거리다. 영화 〈고질라〉는 과학적인 실수까지는 아니더라도 내용상의 사소한 실수들이 자주 눈에 띈다. 예를 들어 우리나라 사람들이라면 다들 웃었겠지만, 고질라에게 습격당한 일본 어선에서 '동원 I.Q. 참치 캔'이 나온다. 주인공 과학자(매튜 브로데릭)가 참치 캔을 이리저리 살펴보는 장면에서 참치 캔 상표가 클로즈업되는 바람에 동원참치 회사는 단종시켰던 이 상품을 다시 만들까 하는 고민까지 했다고 한다.

남태평양에 있는 프랑스령 폴리네시아에서 탄생한 고질라가 뉴욕으로 건너오는 과정도 이해가 잘 되지 않는다. 태평양에서 살던 고질라가 대서양 연안에 위치한 뉴욕으로 건너오기 위해서는 남미로 돌아오거나 파나마 운하를 건너야 된다. 영화에선 마치 고질라가 파나마 운하를 건넌 것처럼 설명하고 있다. 파나마 운하를 관리하는 사람들이 지나가는 고질라를 발견하지 못했다는 것은 납득이 안 된다. 태평양에서 고질라에게 사고를 당한 난파선이 대서양 카리브 해에 있는 아이티 섬(부두교의 근거지로 유명한 섬) 근처에서 발견된 것도 이해가 안 된다. 난파선도 운하를 건넜을까?

고질라의 발자국을 맨 처음 발견하는 현장에서 방사능의 양을 측정하는 가이거 계수기가 시끄럽게 울린다. 이 지역에 방사능의 양이 상당하다는 것을 의미하는데, 그곳에 모인 사람들은 아무도 방사능에 대비하지 않고 있다. 그러나 이러한 자질구레한 오류들은 귀엽게 봐주기로 하고 좀 더 본격적인 오류들을 짚어보면서 과학자들이 이 영화를 보면서 얼마나 분개했을지 짐작해보자.

괴물이 가져야 할 리얼리티를 묻다

가장 큰 '옥에 티'는 '고질라'라는 돌연변이의 존재 자체다. 유전자 돌연변이로 길이가 40배나 커진 변종이 생겼다는 보고는 아직 없을뿐더러 실제로 그 정도의 부피 증가(고질라의 부피 증가는 40의 세제곱)가 일어난다면 생명체 자체 시스템이 감당하기 힘든 상태가 될 것이다. 현실적으로는 영화 속 과학자가 언급한 대로 수십 퍼센트 정도 부피 증가가 일어나는 것이 고작이다. 절대 불가능하다고는 말할 수 없더라도, 수년 만에 고질라가 그 정도 크기로 성장하기 위해서는 엄청난 양의 동물들을

고질라는 존재 자체가
가장 큰 '옥에 티' 다.

먹어치워야 하기 때문에 근처 생태계는 이미 크게 파손됐을 것이다(동물에게 필요한 먹이의 양은 그 동물의 부피에 비례한다). 영화에서 고질라를 유인하기 위해 쌓아놓은 엄청난 양의 물고기도 고질라에게는 간식거리에 불과할 것이다. 그런데도 영화에서는 고질라가 뒤늦게 발견되었다고 설정되어 있으니 과학자들을 우롱하는 이런 처사에 분개하지 않을 수 없다.

고질라와 같은 거대 괴물이 존재할 수 없는 또 다른 이유 중의 하나는 물리적으로 생물체의 크기가 무한정 증가할 수는 없다는 것이다. 왜냐하면 생물체는 자신의 몸을 지탱할 수 있을 만큼 역학적으로 안정된 구조를 가져야 하기 때문이다.

간단한 계산으로 확인해볼 수 있다. 키가 2배로 커지면 발바닥의 면적은 그 제곱인 4배로 늘어나고 몸무게는 부피에 비례하여 8배로 증가한다. 그런데 고질라의 발바닥 면적은 대략 소형 자동차 10대 정도가 들어갈 수 있는 크기다. 이 정도 크기를 계산해보면 사람 발바닥의 약 1530배가 된다. 그러나 몸무게는 평균 70킬로그램 정도인 인간에 비해 85만 7000배나 되는 6만 톤. 따라서 고질라는 사람 발바닥이 받는 압력보다 무려 560배나 큰 압력을 지탱해야만 한다. 고질라가 아무리 용가리 통뼈라고 해도 이런 정도의 압력은 견디기 힘들 것이다. 아마 제대로 서 있을 수도 없을뿐더러 설령 서 있는다고 해도 땅이 꺼져서 한 발자국도 나아가지 못할 것이다.

실제로 존재하는 동물 중에 가장 큰 동물은 '흰긴수염고래'로 알려져 있다. '고지라'라는 이름도 일본어로 고래를 뜻하는 '구지라'와 고릴라의 합성어라고 한다. 흰긴수염고래의 길이는 30미터, 몸무게는 150톤으로, 그나마 물속에서 살기 때문에 부력의 힘으로 버틸 수 있어서 이 정도의 체구를 유지할 수 있는 것이다. 육상동물 중에 가장 큰 동물은 〈쥬라기 공원〉에서 긴 목으로 높은 나무의 풀을 뜯어 먹는 공룡인 '브라키오사우루스'다. 그러나 이 녀석도 키가 25미터를 넘지 않는다.

동물의 키가 너무 크면 심장으로부터 머리가 너무 멀어져서 혈액을 공급하는 데 어려움이 있다는 주장도 있다. 세포질로 이루어진 심장이 머리까지 혈액을 공급하기 위한 압력을 만드는 데는 한계가 있다는 것이다. 어떤 과학자들은 기린의 목이 더 길어지기 힘든 이유를 이것으로 설명하기도 한다.

날 때부터 임신한 괴물?

두 번째 '옥에 티'는 고질라의 임신에 관한 부분이다. 우선 한 마리뿐인 고질라가 어떻게 임신을 했을까? 영화에서는 고질라가 태어날 때부터 임신 상태였다는 이상한 대사가 나오는데 이것은 불가능한 이야기다. 무성생식을 했다는 주장도 나오는데 이것은 전혀 불가능한 것은 아니다. 물론 무성생식은 식물류나 무척추동물의 번식 방법이고 대부분의 척추동물은 유성생식을 한다. 그러나 척추동물 중에서도 무성생식을 하는 동물이 있는데, 대표적인 예가 바로 도마뱀이다. 따라서 고질라가 무성생식을 할 가능성이 전혀 없는 것은 아니다.

그러나 문제는 고질라의 임신 사실을 알아내는 과정이다. 주인공 과학자는 사람들이 쓰는 일회용 임신 자가진단 키트를 잔뜩 사서 고질라의 혈액을 묻혀본 후 고질라가 임신했다는 사실을 알아낸다. 과연 사람들이 쓰는 임신 진단 키트로 고질라의 임신 사실을 알아낼 수 있을까?

이 사실이 궁금해서 영화 개봉 당시 미국에서 가장 유명한 임신 진단 키트 제조 회사에 전자우편을 보냈었다. 당신네 회사에서 만든 임신 진단 키트로 고질라의 임신 사실을 확인할 수 있는가 하고 말이다. 그들의 대답은 간단했다. "우리도 안 해봐서 잘 모르겠습니다. 저희 회사로 한번 데려오시면, 저희가 그 자리에서 실험해드리겠습니다."

일회용 임신 자가진단 키트는 소변에 들어 있는 HCG^{human chorionic} ^{gonadotropin}라는 성호르몬의 양을 측정하는 기구다. HCG는 에스트로겐과 마찬가지로 스테로이드계 성호르몬으로서, 임신이 가능하도록 신체적인 조건을 만들어주는 역할을 한다. 수정란이 착상하고 나면 융모막에서 만들어진 HCG는 배아가 착상하도록 자궁 내막을 부풀게 하고 두껍게 만들어주며 혈액 공급을 원활하게 해준다. HCG는 임신 초기부터 소변에 섞여 나오기 때문에 임신 자가진단 키트에 이용되는 것이다.

그러나 태생이 아니라 알을 낳는 고질라 몸에 HCG가 있을 리 없다. 비슷한 역할을 하는 호르몬이 존재할 수는 있겠지만 그것은 사람의 것과는 화학적인 구조가 크게 다를 것이기 때문에 임신 진단 키트로 측정된다는 설정에는 무리가 따른다.

과학의 부재가 빚은 천하무적 괴물의 탄생

세 번째 과학적인 오류는 AH-64 아파치 헬기의 열 추적 장치와 관련된 것이다. 빌딩 사이를 질주하는 고질라를 헬기가 뒤쫓는 장면이 있다. 조종사는 고질라에게 미사일을 발사하기 위해 조준을 하고 '조준 고정target locked'을 한다. 조준 고정이 됐다는 메시지와 함께 조종사는 미사일을 발사한다. 그러나 미사일은 빗나간다. 그러자 조종사가 하는 말, "냉혈동물이라 열 추적이 안 됩니다." 그러나 이 장면은 과학적인 오류다. 왜냐하면 조준 고정을 하는 것도 열 추적을 이용한 것이기 때문이다. 만약 냉혈동물이라 열 추적이 안 되는 상황이라면 처음부터 조준 고정도 불가능했어야 한다.

아파치 헬기에 장착된 무기들 중에서 열 추적이 가능한 것은 스팅어 공대공 미사일Stinger air-to-air missile이다. 영화에서는 아마도 이 미사일을 쏘지 않았나 싶은데, 스팅어 미사일은 적의 헬기나 전투기를 임시적으로 상대하기 위한 휴대용 소형 미사일이다. 설령 미사일을 맞혔다고 해도 고질라가 꿈쩍이나 했을지 의문이다.

네 번째 과학적인 오류는 고질라가 불을 뿜어낸다는 설정에 있다. 영화에서 고질라는 두 번 입에서 불을 뿜는다. 한 번은 입에서 불이 직접 나오고, 두 번째는 자동차 사고가 난 곳에서 입으로 가스를 내뿜어 불줄기를 만든다. 어뢰에 일격을 받은 뒤 다시 살아난 후에는 입에서 불을 뿜으려고 해도 불이 잘 안 나오는 것 같은 인상을 받았다.

우리나라 용가리나 일본판 고지라도 입에서 불을 뿜는다. 전설 속의 동물 '용'은 불을 뿜는다고 알려져 있으니, 용가리는 같은 '용' 씨니까 불을 뿜을지도 모른다. 그러나 자연계에 존재하는 생명체가 입에서 불을 뿜는 것은 과학적으로 설명이 안 된다. 다만 불이 붙는 인화성 가스를 입에서 분출하는 정도는 가능하다. 예를 들어 우리가 밥을 먹은 후 내뿜는 트림에도 메탄가스와 같은 인화성 가스가 포함되어 있다. 그러나 발화 장치가 없기 때문에 불을 내뿜는 것은 아무리 너그럽게 봐주어도 불가능한 일이다.

거대 괴물이 등장해서 도시를 쑥대밭으로 만든다는 단순한 줄거리의 괴물 영화Monster Film라 하더라도 과학적인 상황 설정에 주의를 기울이는 성의는 반드시 필요하다. 과학적으로 말이 안 되는 상황이라면 아무리 허구의 세계를 다루는 영화라도 설득력이 떨어진다. 우리나라에는 SF 영화가 별로 없다. 〈대괴수 용가리〉를 비롯해 겨우 손에 꼽을 정도다. 그 이유는 영화를 만드는 사람들에게 SF 영화는 특수 효과가 중요하고 돈이 많이 드는 영화라는 인식이 널리 퍼져 있어서다. SF 영화를 제작하는 데 있어 탄탄한 과학적인 설정 위에서 과학이 개인의 삶 혹은 사회에 미치는 영향에 대해 관심을 가진다면 굳이 돈을 많이 들이지 않고도 얼마든지 좋은 SF 영화를 만들 수 있을 것이다. 영화인들은 관객이 진정 원하는 바를 간과하는 경향이 있는 것 같다. 관객이 원하는 것은 특수 효과만은 아니다!

시금치를 먹으면 뽀빠이가 아니라
올리브가 된다

뽀빠이
Popeye

시금치 통조림 하나로 험한 세상을 항해해온 뱃사람 뽀빠이. 주걱
턱에다 머리카락도 몇 개 없지만, 올리브에 대한 사랑만은 각별했던 뱃사
람 뽀빠이가 1999년 일흔 살을 맞이했다. 〈뽀빠이〉를 제작한 오션 코믹
스 사는 뽀빠이의 70회 생일을 기념해 뽀빠이 만화 영화 특별판을 내놓
았고, 그의 사랑스런 연인 '올리브 오일'을 아내로 맞이하는 이벤트를 벌

이기도 했다. 70년간의 사랑이 비로소 결실을 맺게 된 것이다.

요즘 아이들에게는 뽀빠이가 '파파이스'라는 패스트푸드점 이름으로 더 유명하겠지만, 우리 세대에게 뽀빠이의 인기는 정말 대단했었다. 〈뽀빠이〉 방영 시간에는 다들 TV 앞에 앉아 있었고 뽀빠이가 털북숭이 악당 브루터스와 햄버거라면 사족을 못 쓰는 떠돌이 윔피를 한 방에 날려보내는 장면에선 집집마다 탄성이 새어나왔다. 로빈 윌리엄스와 진 해크만의 젊은 시절 모습을 적당히 섞어놓은 것처럼 우스꽝스럽게 생긴 뽀빠이를 우리는 왜 좋아했을까? 아마도 고지식하고 정의파이면서도, 사랑하는 연인 앞에서는 어쩔 줄 몰라 하는 뽀빠이의 로맨스가 사랑스러웠기 때문인 것 같다. 그런 뜻에서 말라깽이 올리브와 뽀빠이의 결혼은 진심으로 축하할 만한 일임에 틀림없다.

뽀빠이, 미국 시금치 업계를 구하다

뽀빠이가 우리들 앞에 처음 선을 보인 것은 1929년 1월 17일 미국의 한 신문에 연재되던 엘지 세가^{Elzie Segar}의 만화 〈골무 극장^{Thimble Theatre}〉에서였다. 처음에는 별로 비중 없는 캐릭터였으나 독자들의 반응이 좋자 계속 등장하게 되고 나중에는 주인공으로 발탁된다. 어려움이 있을 때마다 "살려줘요, 뽀빠이!"를 외치는 올리브를 뽀빠이가 처음 만난 것은 그로부터 얼마 지나지 않아 벌어진 일이다. 뽀빠이는 친구인 캐스터 포일의 여동생인 올리브와 우연히 첫 키스를 한 후 그녀와 사랑에 빠진다.

그 후 1933년에는 〈뱃사람 뽀빠이Popeye the Sailor〉라는 제목의 만화 영화로 만들어져서 세계 각국의 TV를 통해 동심을 사로잡았으며 1980년에는 로빈 윌리엄스가 뽀빠이 역을 맡고 셸리 듀발이 올리브 역을 맡아 열연한 뮤지컬 영화로도 제작되어 큰 인기를 끌었다.

그런데 재미있는 것은 뽀빠이가 전 세계 어린이들의 식생활에 엄청난 영향을 끼쳤다는 사실이다. 이 땅의 어머니들은 야채를 싫어하는 아이들에게 몸에 좋은 시금치를 먹이기 위해 '시금치를 먹으면 뽀빠이처럼 힘이 세진다'는 말로 아이들을 설득했다. 순진한 아이들은 반은 속는 기분으로, 그리고 반은 뽀빠이에 대한 애정으로 시금치를 억지로 먹어야만 했다. "나는 힘이 세지. 시금치만 먹으면 마지막까지 힘이 샘솟지. 나는 뽀빠이, 나는 뱃사람"이라는 만화 주제가를 열심히 따라 부르면서 시금치를 안 먹을 수는 없었기 때문이다.

그 덕분에 1930년대 미국에서는 시금치 소비가 무려 33퍼센트나 증가했으며, 도산 직전의 시금치 업계가 다시 살아났다고 한다. 만화 영화 한 편이 미국의 산업 하나를 살린 것이다. 아마 우리나라도 예외는 아닐 것이다. 이야기가 이쯤 되면 '이거 장난이 아니구나!' 하는 생각이 드는데 여기서 과학자다운 호기심이 발동한다. 정말로 시금치를 먹으면 힘이 세질까? 뽀빠이처럼 브루터스를 한 방에 날려보낼 정도는 아니더라도, 만화의 설정에는 어떤 과학적인 근거가 있는 걸까?

시금치의 진실 혹은 거짓

그러나 알아보니 불행하게도 시금치를 먹으면 힘이 세진다는 것은 정말 만화 같은 설정이었다. 한마디로 사실 무근이라는 얘기다. 음식을 먹었을 때 힘이 세지기 위해서는 칼로리를 내는 영양소, 즉 단백질이나 포도당, 지방 같은 에너지원이 함유되어 있어야 한다. 그러나 시금치에는 칼로리를 낼 만한 영양소는 거의 포함되어 있지 않다. 다른 채소들과 마찬가지로 시금치도 '힘' 하고는 별로 연관이 없는 '풀'인 것이다.

시금치가 몸에 좋은 채소라는 데에는 아무 이견이 없다. 시금치에는 우리 몸에 꼭 필요한 비타민 A, B_1, B_2, C와 칼슘, 철분, 요오드가 들어 있다. 또 섬유질로 이루어져 있어서 대장에도 좋다. 시금치가 우리를 뽀빠이처럼 힘 센 사람으로 만들어줄 수는 없어도 올리브처럼 날씬하게 만드는 데는 도움이 될 수 있다.

그러나 시금치에 철분이 많이 들어 있다는 신화는 싱겁게도 타이핑 실수 때문에 벌어진 해프닝이라고 한다. 처음 성분 분석을 하던 때에 실수로 소수점을 오른쪽으로 한 자리 더 지나쳐서 적는 바람에 철분 함량이 10배로 늘어난 잘못된 수치로 기록된 것이다. 이 착오는 이미 1930년대에 고쳐졌지만, 시금치 철분에 대한 사람들 사이의 오해는 쉽게 풀리지 않았다.

한편 미국 터프스 대학 제임스 조지프James Joseph 박사가 이끄는 노화 연구 팀은 시금치가 나이가 들어감에 따라 뇌 기능이 저하되는 것을 막아준다는 연구 결과를 발표한 바 있다. 쥐에게 8개월간 매일 딸기와 시금치, 샐러드를 먹였더니 신경세포의 퇴화가 줄어들고 뇌의 노화 현상도 현격하게 감소했다고 한다. 시금치를 많이 먹으면 나이를 거꾸로 먹을 수 있나 보다. 왜 시금치를 먹으면 노화가 예방될까? 그 이유는 아주 간단하다. 우리 몸에는 '프리 라디칼free radicals' 이라는 물질이 있다. 이 물질은 매우 불안정해서 다른 물질들과 쉽게 반응하는 성질이 있다. 그래서 이리저리 돌아다니면서 세포들을 공격하여 제 기능을 하지 못하게 만든다. 나이가 들수록 이런 작용은 더욱 심해지는데 이것이 노화의 원인이 된다. 시금치에 함유되어 있는 '항산화 물질' 은 프리 라디칼의 공격으로부터 신경세포를 보호해주는 역할을 한다. 이로 인해 시금치가 뇌 기능의 노화를 막아줄 수 있게 되는 것이다.

우리는 왜 그동안 '뽀빠이의 시금치 신화' 를 별다른 의심 없이 쉽게 믿어버렸을까? '뭔가 과학적인 이유가 있겠지' 하고 왜 그냥 넘어갔을까? 채소는 칼로리가 높지 않다는 사실을 잘 알고 있으면서 뽀빠이 앞에서는 왜 그런 생각이 좀처럼 나지 않았던 것일까? 덕분에 몸에 좋은 시금치를 많이 먹게 됐고 시금치 산업도 살아났다고 하니 좋은 일이긴 하지만 왠지 개운치 않은 뒷맛이 남는다. 만화 한 편을 보더라도 한 번쯤 과학적으로 따져보는 시간을 가지면 더 좋지 않을까 싶다.

Cinema
9

피부 이식을 해도
얼굴이 바뀌진 않는다

페이스 오프
Face/Off

1997년 여름 극장가를 강타한 〈페이스 오프〉는 그해에 개봉한 가장 인상적인 액션 영화였다. 이 영화는 홍콩 느와르의 열풍을 만들어낸 〈영웅본색 1, 2〉와 〈첩혈쌍웅〉, 그리고 숨겨진 걸작 〈첩혈가두〉를 만든 오우삼이 할리우드로 건너가 만든 세 번째 영화다.

〈첩혈쌍웅〉에서 킬러(주윤발)를 쫓던 주인공 형사(이수현)는 킬러에게서 알 수 없는 매력을 느낀다. 결국 그는 킬러의 편에 서서 경찰과 폭력 조직에 대항하여 싸우게 되는데, 앞을 못 보는 애인(엽청문)에게 눈을 주려 했던 킬러가 눈에 총을 맞고 쓰러져 서로 엇갈리는 장면은 홍콩 영화사에 길이 남을 명장면이다. 〈첩혈쌍웅〉에서 형사는 킬러의 치밀함, 완벽한 일 처리 솜씨(?), 인간적인 매력에 빠져 서서히 킬러와 자신을 동일시하게 된다. 특히 형사가 의자에 앉아 있는 킬러의 모습을 보며 자신을 떠올리는 장면에서 그것은 정점에 이른다.

만약 죽이고 싶도록 미운 킬러의 모습을 자신의 얼굴에서 발견하게 된다면 형사의 심정은 어떨까? 〈페이스 오프〉는 〈첩혈쌍웅〉의 거울 이미지와도 같은 작품이다. 〈페이스 오프〉에서 주인공인 킬러 캐스터 트로이(니컬러스 케이지)는 숀 아처(존 트라볼타)의 아들을 무참히 죽인 살인마다. 후에 그는 건물에 폭탄을 설치해서 거액의 돈을 노리다가 숀의 손에 붙잡힌다. 그러나 상황은 캐스터가 폭탄이 설치된 곳을 말하지 않고 버티면서 더욱 심각해진다. 폭탄이 설치된 곳을 알고 있는 사람은 캐스터와 그의 하나뿐인 동생, 단둘뿐. 그래서 생각해낸 묘안이 바로 '페이스 오프 Face Off', 즉 캐스터와 숀의 얼굴 피부를 뜯어내어 서로 바꿔치기해서 형사 숀이 캐스터인 척하며 그의 동생에게 접근해 폭탄이 설치된 곳을 알아낸다는 것이다.

결과는 묻지 마시라. 할리우드 액션 영화에 비극은 없다. 그러나 이 영화에서 결말보다 중요한 것은 킬러와 얼굴이 뒤바뀐 형사가 느끼는 '자기 정체성의 혼란'이다. 폭탄을 제거하는 과정은 단지 덤일 뿐이다. 특히 거울을 사이에 두고 서로에게 총을 난사하는 장면은 이 영화의 압권. 두

얼굴 피부만 바꾼다고 해서
얼굴 자체가 바뀌는 것은 아니다.

주인공은 거울에 비친 자신을 향해 사격을 가하는데 실은 거울 속 자신의 모습이 바로 상대방인 것이다.

과학자가 선정한 최악의 영화 1위

이 영화에서 가장 큰 과학적 의문은 '피부 이식을 통해 얼굴을 서로 바꿔치기할 수 있을까' 하는 것이다. 그것은 불가능하다. 단지 얼굴 피부만을 바꾼다고 해서 얼굴 자체가 바뀌는 것은 아니기 때문이다. 눈썹이나 입술 모양이야 피부 이식으로 달라지겠지만 얼굴의 윤곽과 전체적인 형태, 굴곡을 결정하는 것은 결국 얼굴 골격과 거기에 붙어 있는 근육이다.

영화에서 형사와 킬러의 얼굴을 제대로 바꾸기 위해서는 넓적한 존 트라볼타의 얼굴을 갸름하게 만들기 위해 턱뼈를 깎아야 하고, 니컬러스 케이지의 광대뼈는 갈아서 그의 턱뼈 양옆에 붙여야 한다. 또 토실토실한 존 트라볼타의 살점도 많이 잘라내야 할 것이다. 한마디로 말해서 얼굴을 바꾸기 위해서는 뼈를 깎는 고통과 살점을 뜯어내는 아픔을 참아야 하는 것이다.

얼굴이 바뀌진 않는다 쳐도 얼굴 피부를 이식하는 것은 가능할까? 피부를 이식하는 것은 매우 어려운 의술의 하나다. 잘 알다시피 자신의 엉덩이 피부를 코에 이식하는 것과 같은 '자가 이식'은 성형 수술에서 흔히 사용하는 방법이다. 그러나 나의 피부가 아닌 다른 사람의 피부를 이식할 경우 나의 몸은 이물질이 침입한 것으로 판단하여 항체를 형성하고 면역 체계를 발동시킨다. 그러면 곪거나 심한 부작용이 일어나게 된다. 다른 사람의 피부를 이식하는 것을 '타가 이식'이라고 하는데, 대개 불가능하다. 더욱이 영화에서처럼 얼굴 피부를 통째로 깨끗이 뜯어내는 것 또한 가능할 것 같지 않다.

이 영화에서 가장 엉터리 같은 장면은 주인공의 얼굴이 바뀌었다고 해서 남편을 알아보지 못하고 엉뚱한 킬러에게 남편이라고 부르는 아내다. 얼굴만 바뀌었을 뿐 몸은 그대로인데 어째서 알아채지 못했을까? 덕분에 이 영화는 미국의 한 영화 잡지사에서 과학자들을 대상으로 실시한 설문 조사 결과 '과학자들이 선정한 최악의 영화 1위'에 뽑혔다고 한다.

어느 정도의 변신이 가능할까

피부 이식이 아니라 성형 수술을 하면 얼굴을 바꿀 수도 있지 않을까? 성형 수술을 통해 얼굴을 바꾼다는 내용은 예전에도 영화에 등장한 바 있다. 1991년 작 〈가면의 정사Shattered〉는 아내가 남편을 죽인 후 기억상실증에 걸린 정부情夫의 얼굴을 성형 수술을 통해 남편의 얼굴로 바꾼 뒤 위장 생활을 한다는 줄거리다. 정부(톰 베린저)도 자신이 누구인지 잘 모르는 채 남편인 줄 알고 있다가 사건의 전모를 알게 된 후 정신 차리고 여자를 죽이면서 영화는 끝난다.

머지않아 컴퓨터가 3차원 영상을 통해 골격의 모양을 보여주고 어떻게 수술해야 하는가까지 말해주는 시대가 올 것이다. 따라서 수술 기술만 좀 더 정교해진다면 '전지현 얼굴처럼 해주세요'라고 말만 하면 정말로 전지현과 비슷하게 만들어줄지도 모른다. 사람에 따라 도저히 불가능한 경우도 있겠지만.

어떤 영화에서는 목소리까지 바꾸는 경우도 있는데, 그것은 가능할까? 원리적으로는 가능하다. 목소리는 성대 구조나 발성 습관 등에 의해 좌우된다. 따라서 구강 구조를 바꾸면 목소리도 바뀌게 된다. 우리는 성대 수술을 한 후에 목소리가 바뀌게 되는 경우를 가끔 본다. 'I Need a Hero'나 'It's a Heartache' 등의 노래를 불러 1970년대를 풍미했던 보니 타일러 역시 성대 수술로 허스키한 목소리를 얻어 스타가 된 가수다.

그러나 억양이나 언어 습관까지도 완벽하게 바꿔야 다른 사람들이 눈치채지 못하게 되므로, 영화에서처럼 단지 수술만으로 구분을 못 할 정도로 바뀔 수는 없을 것이다.

전화 사용이 빈번해지고 얼굴만큼이나 목소리가 중요해질 가까운 미래에는 원하는 목소리를 만들어주는 의료 기술이 발전할 것으로 예상된다. 미국의 한 언어병리학자가 조사한 바에 따르면, 미국인들의 30퍼센트 정도가 자신의 목소리에 불만족스럽다고 답했다고 한다. 미국에서는 훈련을 통해 말의 빠르기, 높낮이, 억양, 콧소리, 심지어는 목소리 자체를 바꾸어주는 전문 발성상담원이 등장할 정도니 목소리를 바꾸는 것은 지금도 전혀 불가능한 일은 아니다.

우리는 보통 그 사람의 얼굴을 보고 그 사람이 누군지 알아본다. 그렇다고 해서 우리의 정체성이 얼굴 피부 한 꺼풀에 모두 담겨 있는 것은 아니다. 레이저로 얼굴 피부를 도려내고 타인의 가면을 쓴다고 해서 아무도 나를 못 알아보는 것은 아니기 때문이다. 피부 한 꺼풀로 정체성의 문제를 그리려 한 오우삼의 시도는 재미있었지만 과학적으로 본다면 허무맹랑한 설정이라 할 수 있다.

| 동시상영 |

왜 영화에선
항상 주인공이 이기는 걸까

할리우드가 만든 SF 영화, 액션 영화, 서부 영화에는 공통점이 있다. 그것은 무슨 일이 있어도 주인공은 죽지 않는다는 사실이다. 이 깨지지 않는 불문율은 '해피엔딩의 나라' 할리우드에서만 통하는 법칙이다. 주인공은 끝까지 살아남아 악당들을 모두 쳐부순다. 도대체 그 이유가 뭘까? 개런티를 많이 준 주인공을 영화 중간에 죽일 수 없기 때문일까? 주인공을 좋아하는 관객들을 위한 '제작자의 배려'일까?

여러 가지 이유가 있겠지만, 이 문제에 관해 재미있는 일화 하나가 있다. 20세기 초는 고전물리학의 껍질을 뚫고 새로운 양자물리학이 태동하던 시기였다. 그 '반란'의 중심지는 덴마크의 코펜하겐에 자리한 이론물리학연구소였다. 그곳에서 닐스 보어를 중심으로 하이젠베르크나 페르미, 가모브 같은 훗날 위대한 물리학자가 될 젊은이들이 모여서 '미시 세계를 기술하는 새로운 패러다임'인 양자역학의 체계를 수립하기 위해 밤낮으로 연구했다.

코펜하겐의 젊은 물리학자들과 보어는 금요일 저녁이면 함께 영화를 보곤 했다고 한다. 그러던 어느 날 저녁 그들은 할리우드에서 만든 서부 영화 한 편을 보게 됐다. 영화를 보고 난 후 그들은 자연스럽게 한 가지 의문점에 대해 토론을 하게 되었다. 그것은 '왜 주인공은 언제나 악당들을 물리치고 이기는가' 하는 문제였다. 게다가 악당들은 대개 주인공의 등 뒤에서 기습을 하는데도 말이다. 그들은 이 황당한 문제를 풀기 위해 장난기 어린 '가설' 하나를 세웠다. "의식적인 기습보다 무의식적인 반응의 속도가 더 빠르다."

그들은 과학자답게 이 재미있는 가설을 검증해보기로 마음먹고 그 자리에서 간단한 실험을 했다. 시가를 멋지게 피우며 날카로운 눈빛을 번뜩이는 주인공 역은 보어가 맡고, 호시탐탐 주인공을 해치우기 위해 기습을 노리는 악당 역을 가모브가 맡았다. 결투 장소는 북유럽의 황량한 바람이 불어오는 보어의 연구실! 소품은 권총 대신 물총 한 자루씩!

연구실에서 가모브가 보어를 기습했을 때 과연 누가 먼저 물총을 뽑아서 쏘느냐가 실험의 내용이었다. 결과는 주인공 보어의 승리! 역시 주인공은 현실에서도 이겼다. 이 실험을 통해 그들은 '자유의지는 결코 반사신경을 앞지를 수 없다'는 엄청난 결론을 내렸다고 한다. 그리고 아마도 깨달았을 것이다. 죽이려고 하는 자가 먼저 죽는다는 삶의 진실을.

이 일화는 우리에게도 새로운 것을 깨닫게 해준다. 위대한 과학자들이 영화를 보며 진지하게 토론하고, 가설을 검증하기 위해 실험까지 하는 그날의 광경이 머리를 스치고 지나간다. 모든 일에 진지하고, 창조적이며, 적극적인 그들이 있었기에 20세기 최고의 학문인 '양자역학'이 탄생할 수 있지 않았을까?

Cinema
10

'죠스'가 불러일으킨
백상아리에 관한 오해들

죠스
Jaws

늦은 밤, 술에 취한 여인이 해수욕장에서 수영을 하다가 다음 날 잔인하게 물어뜯긴 시체로 발견된다. 범인은 다름 아닌 식인 상어 죠스. 듣기만 해도 공포가 엄습해오는 음악, 좀처럼 모습을 드러내지 않는 상어, 물살을 가르며 다가오는 지느러미, 피로 얼룩진 바다. 영화 〈죠스〉가 관객들을 공포의 도가니로 몰아넣은 이후 바닷가에서 가장 끔찍한 비명은 '죠스다!'가 되었다. 피터 벤츨리Peter Benchley의 동명 소설을 원작으로 스티븐 스필버그가 감독한 〈죠스〉는 '여름 극장가 흥행 대작'을 뜻하는 '블록버스터'라는 단어를 탄생시킬 정도로 전 세계적으로 큰 흥행 성공을 거뒀다.

상어는 정말 위험한 동물일까

인상적인 이빨 연기로 극악무도한 악역 연기를 보여줬던 '백상아리'는 영화 이후 바다에서 가장 난폭한 식인 상어로 사람들에게 알려졌다. 그러나 국제 상어공격자료를 보면 그것은 오해에 가깝다는 것을 알 수 있다. 지난 한 세기 동안 백상아리가 사람을 죽인 경우는 74건에 불과하기 때문이다. 매년 전 세계적으로 상어에 물려 죽는 사람의 수는 벌에 쏘이거나 뱀에 물려 죽는 사람들보다 훨씬 적은 셈이다.

영화 〈죠스〉가 처음 개봉했을 때만 해도, 상어 같은 동물을 사악한 존재로 마음껏 매도해도 별 상관이 없었다. 사람들은 아주 오랜 옛날부터 그래왔으며 상어란 놈의 수도 무한한 것처럼 보여 신경을 기울이지 않았으니, 상어에 대해 그다지 알고 있는 것도 많지 않았다. 포유류인 고래나 돌고래와는 달리 상어는 공기를 들이마실 필요가 없기 때문에 정기적으로 수면 위로 떠오르지 않아서 추적해 그 수를 파악하기도 어려웠다. 그래서 우리는 아직 백상아리의 크기나 수명, 남아 있는 개체수, 짝짓기 장소와 시기 등과 같은 기초적인 지식조차 가지고 있지 않다. 그러나 조금씩 백상아리에 관한 생물학적인 지식이 쌓이면서, 영화 〈죠스〉에 묘사된 백상아리의 습성은 무지와 오해의 산물이며, 백상아리가 위협적인 존재이긴 하지만 영화에 나온 것처럼 사람을 잡아먹는 무자비한 사냥꾼은 아니라는 사실을 알게 됐다.

몇 해 전 세계적인 지질학 잡지 〈내셔널 지오그래픽〉은 '백상아리의 생태'를 특집으로 다루면서 우리가 백상아리에 대해 가지고 있는 공포와 편견은 잘못된 것임을 조목조목 설명했다. 이에 따르면 영화가 만들어지던 때만 해도 백상아리가 의도적으로 사람을 잡아먹는다고 믿었지만 백상아리가 사람을 공격하는 것은 대부분 '사람을 먹이로 착각했을 때'라고 한다. 피터 클림리Peter Klimley의 주장에 따르면, 백상아리는 먹이를 처음 물어뜯는 100만분의 1초 사이에 먹이의 지방을 측정하는 능력을 갖고 있다. 지방의 양이 먹이 사냥에 소모되는 에너지에 못 미친다고 판단되면 상대를 그냥 놔주지만, 지방이 풍부한 물개나 바다사자라면 공격을 계속한다는 것이다.

그리고 '피 냄새'에 관한 오해도 있다. 〈내셔널 지오그래픽〉에 따르면, 영화에서는 백상아리가 피 냄새만 맡으면 미친 듯이 물어뜯어 죽이고 마는 것처럼 보이지만, 실제로 백상아리가 피 냄새에 광분하여 잔인하게 사람을 물어뜯어 죽이는 것은 아니다. 국제 상어공격자료를 보면, 스킨스쿠버나 서핑 인구의 증가로 인해 지난 몇십 년간 백상아리가 사람을 공격하는 건수가 꾸준히 증가한 것은 사실이지만, 그로 인한 사망자 수는 점점 감소하고 있다고 한다. 40여 년 전만 해도 피해자의 절반 이상이 사망했으나 요즘은 피해자의 80퍼센트는 목숨을 건진다. 이것은 백상아리가 먹이인 줄 알고 사람을 공격했다가 아니란 걸 깨닫고 공격을 멈추기 때문인 것으로 추정된다. 영화의 후반부에는 죠스가 배를 공격하는 장면도 나오지만 실제로 백상아리가 배에 접근하는 것은 단지 먹이인지 알아보려는 것뿐이라고 한다. 〈죠스〉는 백상아리에 대한 이례적인 관심을 촉발시키는 계기를 마련하긴 했지만, 상어에 대한 대중들의 인식을 왜곡시키고 그릇된 선입견을 부추겼다는 사실 또한 부정할 수 없다.

상어가 위험에 놓이다

더욱 안타까운 것은 상어 남획으로 인해 백상아리를 비롯한 많은 상어들이 멸종 위기에 처해 있다는 사실이다. 세계자연보호기금^{WWF}에 따르면, 1991년 이후 하와이 인근 해역에서 잡혀 죽은 상어의 수가 무려 20배나 증가했으며, 그로 인해 개체수가 80퍼센트나 감소한 종도 있다고 한다. 케이프 코드 근해의 어부들도 곱상어를 '어획량만 축내는 골칫덩이'로 여겨오다가 상어의 상품 가치를 깨달은 후부터는 멸종 위기에 처할 정도로 포획하고 있다고 한다. 백상아리 역시 전 세계적으로 눈에 띄게 줄어들고 있어 멸종될 수 있다고 과학자들은 경고한다. 〈내셔널 지오그래픽〉의 표현을 빌리자면, "이제 바다에서는 배의 디젤 엔진 소리만 들려도 상어들이 '사람이다!'를 외치며 사방으로 줄행랑을 칠 형국"이 된 것이다.

어부들에게 잡힌 상어의 거대한 턱뼈는 일반 시장에서 수백 달러에 거래되고 있으며, 상어 지느러미의 힘줄로 만든 샥스핀 수프는 레스토랑에서 고급 음식으로 각광받고 있다. 상어의 간유에서 추출된 불포화 탄화수소 '스콸렌'은 피로 회복과 심폐 기능 강화에 좋아 건강식품으로 널리

상어에 물려 죽는 사람의 수는
벌에 쏘이거나 뱀에 물려 죽는 사람의 수보다 훨씬 적다.

애용되고 있다. 이제 상어는 '내추럴 본 킬러'의 사악한 존재가 아니라, 오히려 인간들에게 생명과 삶의 터전을 빼앗긴 희생자가 된 것이다.

　왜 우리는 영화〈죠스〉에 열광했을까? 사람들은 아마도 이렇게 대답할 것이다. 인간은 누구나 미지의 존재에 대한 공포심을 갖고 있는데, 죠스가 바로 그런 공포심을 자극했다고. 혹은 죠스는 인간이 맞서 싸워야 할 무자비한 자연의 상징이며, 죠스를 죽임으로써 공포를 극복하고 끝내 자연을 정복하고 마는 인간의 모습에서 희열을 느낀 것이라고. 그러나 우리가 그저 죠스를 두려워하는 것만은 아니다. 하버드 대학의 사회생물학자 에드워드 윌슨^{Edward Wilson}은 '인간이 포식 동물을 그저 두려워하기만 하는 것이 아니라 오히려 그것에 매료되는 것 같다'고 말한 바 있다. 그래서 끊임없이 우화나 이야기를 만들어내며 그런 동물들을 화젯거리로 삼는다는 것이다. 〈죠스〉의 원작 소설을 쓴 피터 밴츨리도 자신이 그 책을 쓴 이유를 백상아리에 완전히 매료됐기 때문이라고 고백한 적이 있다. 백상아리가 우연히 어부들이 쳐놓은 주낙에 걸려 죽기라도 하면 그 사체를 보기 위해 수많은 관람객들이 늘어서는 것도 그 때문이다.

　백상아리는 위협적인 존재이긴 하지만, 그만큼 매력적인 존재이기도 하다. 우리 후손들이 백상아리의 매력적인 모습을 먼발치에서나마 계속 볼 수 있도록, 그리고 무엇보다도 생태계의 균형을 유지하기 위해서 먹이사슬의 맨 꼭대기를 차지하는 백상아리를 멸종의 위기에서 구해야 할 것이다. 이제 상황은 역전됐다.

니모를 찾아서
고래 배 속에서 탈출?

할리우드 블록버스터와 우리 영화 대작들이 한판 승부를 겨루는 여름 극장가에 빠지지 않는 메뉴가 있다. 어린이를 위한 3D 애니메이션이 바로 그것이다. 2003년 여름에는 픽사 스튜디오의 〈니모를 찾아서^{Finding Nemo}〉가 선전했는데 상영관 분위기를 보자면 어린이보다 어른이 더 재미있어 하는 분위기였다.

쥘 베른의 소설 《해저 2만 리》에 등장하는 노틸러스 호의 니모 선장을 기억한다면, 이 영화가 바다와 관련된 영화임을 쉽게 짐작하리라. 영화는 호주 동북부 연안의 산호초 해역에서 살던 광대 물고기 니모가 등굣길에 열대어를 수집하는 치과의사에게 잡혀 병원 수족관에 갇힌 뒤 우여곡절 끝에 탈출하게 된다는 얘기다. 니모를 찾아 나서는 아버지 물고기 말린의 모험 또한 빼놓을 수 없다.

이 영화에서 흥미로운 점은 물고기의 생태나 설정이 줄거리 속에 잘 녹아 있다는 점이다. 단기 기억상실증에 걸린 블루탱 '도리'는 '물고기의 기억력은 3초'라는 인간들의 오랜 통념을 형상화한 캐릭터다. 실제로 물고기의 기억력이 3초인지는 알 수 없지만, 낚은 물고기를 풀어주어도 다시 미끼에 입질을 하는 데서 유래한 속설인데, '만화계의 메멘토' 도리는 영화를 보는 내내 박장대소하게 만든다.

해파리 촉수에 스치면 치명적인 부상을 입는다는 설정도 꽤 그럴듯하다. 해파리 촉수에는 '자포'라는 곳에서 독침이 나와 먹이를 잡거나 적을 공격한다. 특히 영화의 무대가 되고 있는 호주 근처에 있는 상자해파리는 치명적인 독성을 품고 있어, 1900년 이후 70여 명이나 되는 사람이 상자해파리에 쏘여 목숨을 잃었다고 한다.

꽤 그럴듯한 바다 속 생태 설정에도 불구하고, 영화에는 흔히 범하기 쉬운 과학적 오류가 하나 등장한다. 말린과 도리가 고래에게 먹혀 배 속으로 들어갔다가 고래가 물 위로 떠올라 물을 내뿜을 때 빠져나오는 내용이 있는데, 실제로는 불가능한 설정이다. 우선 이빨 대신 수염판을 가진 고래들은 물을 잔뜩 들이마신 후 수염판으로 플랑크톤이나 작은 물고기를 걸러 먹는다. 따라서 말린이나 도리 역시 고래 배 속에 들어가면 영락없이 수염판에 걸려져 위산으로 가득 찬 위 속으로 들어갈 수밖에 없다.

고래가 물 위로 올라와 물을 내뿜을 때 빠져나오는 것도 쉽지 않다. 고래가 물 위로 떠올라 내뿜는 것은 마신 물이 아니라 사실은 호흡한 공기이기 때문이다. 허파 호흡을 하는 고래가 물속에서 떠올라 흡입했던 공기를 토해내는 것을 '분기'라고 하는데, 이때 수면 위 차가운 공기가 수증기로 응결돼 마치 물을 뿜는 것처럼 보이는 것이다.

가끔 '세상에 이런 일이' 류의 책을 보면 고래 배 속에서 살아 나온 사람들의 무용담이 실려 있긴 하지만, 이런 이야기는 〈니모를 찾아서〉로만 만족해야 할 것 같다.

Cinema
11

과연 철이는
안드로메다로 갈 수 있을 것인가

은하철도 999

우주에서 인류가 발자국을 남길 수 있는 가장 먼 지점은 어디쯤
될까? 〈은하철도 999〉에서 철이와 메텔은 은하철도 999호를 타고 안드
로메다 은하로 향한다. 철이는 영원한 생명을 얻기 위해 은하철도 999를
타고 안드로메다로 향하지만 아이러니하게도 철이가 안드로메다 은하

에 도착하기 위해서는 영원한 생명이 필요하다. 안드로메다는 지구에서 230만 광년 떨어진 은하이기 때문이다. 빛의 속도로 달려도 도착하기 위해서는 230만 년이 필요하다.

그러나 상대성이론을 고려한다면 이야기는 조금 달라진다. 아인슈타인의 상대성이론에 의하면, 빛의 속도에 가까울 정도로 빠르게 달리는 우주선 안에서는 시간이 천천히 흐른다. 상대성 이론의 가장 중요한 결론 중의 하나는 시간이 물체의 운동에 따라 상대적으로 흐른다는 것이다. 만약 은하철도 999가 안드로메다 은하를 향해 광속의 99퍼센트의 속력으로 달린다면 도착하는 데 걸리는 시간은 32만 4450년 정도로 줄어든다. 그래도 너무 오래 걸린다고 생각된다면 99.9999퍼센트로 달려보자. 그러면 3245년 후에는 안드로메다에 도착할 수 있게 된다. 철이가 그때까지 살아 있다면 말이다.

은하철도 999에 주어진 미션 임파서블

지구에서 1500광년 떨어진 오리온성운까지의 거리를 킬로미터로 환산하면 1경 4000조 킬로미터 이상이다. 만약 지금의 우주비행선 속도로 간다면 54억 년은 족히 걸리고도 남는 거리다. 〈스타 워즈〉에서처럼 광속에 가까운 속도로 비행한다면 시간을 많이 단축할 수 있다. 광속의 99퍼센트로 달렸을 때 필요한 시간은 212년, 99.9999퍼센트로 달린다면 2년 만에 갈 수 있다.

하지만 3년 안에 오리온성운에 도달하기 위해서는 해결해야 할 문제들이 아직 남아 있다. 첫 번째는 우주여행을 하고 왔을 때 지구는 3000년이 지나 있을 것이라는 사실이다. 광속에 가까운 운동을 했던 우주선에서는 시간이 천천히 흐르지만 상대적으로 멈춰 있었던 지구에서는 왕복 3000년의 시간이 지나 있기 때문에, 당신이 도착했을 때 당신을 반길 가족은 이미 세상을 떠나고 없게 된다. 한편 광속으로 안드로메다에 갔다가 온다면 460만 년이 넘게 걸릴 테니 지구는 그새 아예 사라져버릴지도 모른다.

두 번째는 우주여행에서 가장 중요한 문제이기도 한 연료 문제다. 광속의 99퍼센트로 여행을 하기 위해서는 천문학적인 양의 연료가 필요하다. 지금까지 알려진 추진 방법 중에서 가장 효율이 높은 방법은 핵융합 반응에 의한 추진력을 이용하는 것이다. 태양이 스스로 빛을 내고 열을 방출하는 원리도 핵융합 에너지를 이용한 것인데, 다량의 수소 핵이 핵융합 반응을 거쳐 헬륨 핵으로 전환되면서 꾸준하게 에너지를 방출하는 것이다.

핵융합 반응에서는 전체 질량 중 약 1퍼센트가 에너지로 전환되며, 이 에너지는 생성된 헬륨 원자를 광속의 8분의 1에 달하는 속도로 분사시킨다. 이를 근거로 〈우주전함 V호〉에 등장하는 거대 모함이나 〈스타 트렉Star Trek〉에 나오는 엔터프라이즈 호를 광속의 50퍼센트 속력으로 가속시키는 데 필요한 에너지를 계산해볼 수 있다. 무게가 400만 톤쯤 되는 엔터프라이즈 호가 광속의 절반에 달하는 속도를 내기 위해서는 엔터프라이즈 호 질량의 81배나 되는 수소를 소모해야 한다. 무려 3억 톤 이상의 연료를 싣고 출발해야 한다는 얘기다.

태양에서 가장 가까운 별(항성)인 켄타우루스자리 알파별까지의 거리는 약 4.3광년이다. 즉 지구에서 명왕성까지 거리의 1만 배다. 태양처럼 뜨겁게 타오르는 항성으로 여행을 떠날 사람은 없겠지만 탑승한 사람이 살아 있는 동안 알파별까지 왕복하려면 현재 우주여행에 사용하고 있는 화학 로켓의 1억 배 에너지가 요구된다. 그렇다면 SF 영화에서와는 달리 우주여행을 통해 태양계를 벗어나는 것은 현실적으로 불가능한 것일까?

안드로메다에 갈 수 있는 두 가지 방법

장기간의 우주여행을 위한 연료 공급 방법으로 거론되고 있는 방안이 몇 가지 있다. 첫 번째는 비행 중에 에너지를 공급받는 방법으로, 여기에는 태양 광선을 이용한 우주 항해Solar Sail 방법, 성간물질을 이용하는 램제트 방법이 포함된다. 우주 공간은 진공이어서 아무런 물질도 없다고들 생각하지만, 정확히 말하면 우주 공간에는 지구 대기의 1억분의 1 정도의 밀도로 성간물질들이 존재한다. 성간물질의 대부분은 수소다. 따라서 성간물질 흡입구를 우주선에 설치하여 수소 핵융합을 일으키면서 헬륨을 분사한다면 처음부터 어마어마한 양의 연료를 싣고 가지 않아도 된다. 아직 지상에서도 핵융합로가 실현되지 않은 현실에서 은하 간 램제트는 너무 앞서 간다는 생각이 들긴 하지만, 원리적으로 가능하다면 언젠가는 이루어지지 않을까?

두 번째 가능성은 반물질을 이용하는 방법이다. 이는 〈스타 트렉〉처럼 과학적으로 엄밀한 영화에서 자주 등장하는 방법이다. 우주에는 통상의

장기간 우주여행을 향한
인간의 꿈도 언젠가는 이루어지지 않을까?

물질인 양성자, 중성자, 전자에 대응하여 전하나 바리온 수(중입자 수)가 반대인 반양성자, 반중성자, 양전자가 존재한다. 이러한 물질을 반물질이라고 부른다. 양자역학을 완성하는 데 공헌한 이론물리학자 디랙[P.A.M. Dirac]은 물질의 양자적 상태를 기술하는 방정식인 디랙 방정식을 풀면서 그 해가 두 개 존재할 수 있다는 사실을 발견했다. 하나는 우리가 살고 있는 우주를 이루는 물질에 해당되는데, 그렇다면 이것과 다른 형태의 물질로 가득한 우주가 이론적으로는 존재할 수 있다는 얘기가 된다. 그 후 실험을 통해 실제로 반물질이 존재한다는 사실을 발견했고 생성하는 방법도 알아냈다. 이들 반물질은 보통 물질과 만나면 쌍소멸을 일으켜 모든 질량이 에너지로 변환된다. 그 에너지 밀도는 화학에너지의 무려 100억 배나 된다. 이론적으로 계산해보면, 반물질을 이용한 항성 간 유인우주선이 광속의 20퍼센트로 비행할 경우 4.3광년 떨어진 켄타우루스자리 알파별까지 22년 안에 도착할 수 있다는 결론에 도달하게 된다.

그렇지만 문제는 반물질을 만들어내는 데 막대한 에너지가 필요하다는 것이다. 무게 1000톤의 우주선으로 켄타우루스자리 알파별까지 비행하려면 300톤의 반물질이 필요하다. 그러나 300톤의 반물질을 만들기 위해서는 반물질 생성 효율을 현재의 1만 배로 올린다 해도 원자력발전소를 30억 년 내내 작동시켜야 한다. 10년 동안에 이 정도의 양을 얻고자 한다면 지구와 같은 크기의 태양발전 위성이 10개나 필요하다. 우주여행 한 번 갔다 오기 위해서 10개의 지구를 만들 나라는 전 세계 어디에도 없을 것이다.

하지만 태양계 안에서의 소박한 우주여행 정도라면 반물질 이용이 가능하다. 수 밀리그램의 반물질만 있으면 수 톤 정도의 1인 우주선을 달까지 왕복시킬 수 있다고 하니, 반물질을 마음대로 제조하고 사용할 수 있는 시대가 온다면 명왕성 정도쯤은 신혼여행 코스로 고려할 수 있을 것이다.

우주여행은 누구나 한 번쯤 꿈꾸는 소망이다. 그것은 비행기 창밖을 내다보면서 느끼는 자연의 웅장함이나, 그 속에서 바둥거리는 작고 초라한 우리 삶에 대한 연민 이상의 무언가를 우리에게 제공해줄 것임에 틀림없다. 게다가 먼발치에서 지구를 바라볼 수 있다면, 우리는 신비롭고 아름다운 우리 삶의 터전 '지구'와 '인류'라는 거대한 공동체에 대해 생각해볼 기회를 갖게 될 것이다. 그리고 고개를 돌려 아득하게만 느껴지는 검고 거대한 우주를 바라본다면, 지금까지 누구도 경험하지 못한 '우주에 대한 경외감'을 맛볼 수 있을 것이다. 또한 이 거대한 우주는 어떻게 탄생했으며, 지구라는 푸른 섬에서 생명은 어떻게 시작되었는지 그리고 우리는 어떻게 의식이란 것을 갖게 되었는지에 대해 진지하게 생각해볼 기회도 갖게 될 것이다.

우주와 생명과 의식에 대한 기원을 푸는 문제는 우주에 의식의 뿌리를 내리고 있는 존재라면 누구나 간직하고 있는 숙제이다. 밤하늘의 수많은 별을 바라보면서 이 많은 별들로도 밝힐 수 없는 캄캄한 우주의 거대함과 적막함에 대해 한 번이라도 경외감을 느껴본 사람들이라면 말이다.

영화 속 '우주 전쟁'의
허와 실

스타 워즈
Star Wars

람보는 과연 한 손으로 총을 쏠 수 있을까? 람보의 힘이 어느 정도 되는지는 알 수 없지만, 총을 쏠 때 팔이 뒤쪽 방향으로 받는 운동량을 계산해볼 수는 있다. 월남전에 참전했던 람보가 사용했던 총은 M16으로, 우리나라에서도 신병교육대에서 사용하고 있는 총이다. M16의 무게는 약 3킬로그램, 총알의 무게는 약 80그램이다. 방아쇠를 당겼을 때

총알이 발사되는 속도는 약 990m/s, 즉 1초에 거의 1킬로미터를 간다는 뜻이다. 이 정도 속도로 총알이 발사된다면 그 반작용으로 람보가 손으로 감당해야 할 운동량은 포수가 선동열이 던진 공(야구공의 무게는 평균 145그램 정도)을 받을 때 느끼는 충격의 13배나 된다. 아무리 완충기가 달렸다고 해도 이 정도의 충격에 밀리는 손을 제자리에 고정하고 계속 총을 쏘는 것은 여간 어려운 일이 아닐 것이다. 람보 같은 우람씨들만이 할 수 있는 일이다.

이 간단한 계산으로 우리는 〈스타 워즈〉에서 우주선에 왜 M16이 아니라 레이저 총이 달렸는지 이해하게 된다. 중력이 약한 우주에서 우주선이나 공중 유영을 하는 우주인들이 총알을 발사하는 총을 쏜다면, 뉴턴의 세 번째 법칙인 '작용·반작용의 법칙'에 의해 뒤쪽으로 밀리게 될 것이다. 그러면 제대로 비행을 하거나 몸을 움직이기가 힘들다. 레이저 총은 강력한 화력을 가졌다는 강점도 있지만, 이런 이유로 우주에서 사용하기에 더욱 적당한 무기인 것이다.

19세기 전쟁에서는 병사들에게 총과 대포가 지급됐다. 제1차 세계대전 때는 탱크와 폭격기가 등장했고 제2차 대전에서는 원자폭탄이 터졌다. 만일 21세기 혹은 그보다 더 먼 미래에 전쟁이 일어난다면 과연 그 시나리오는 어떤 스토리가 될까? 〈스타 워즈〉에서 보았던 식의 전투가 벌어질까? 누구도 정확히 예측할 순 없겠지만 확실한 것은 미래 전쟁은 첨단 무기와 고속 정보망이 결합된 사이버 전쟁이 될 것이며 인공위성과 컴퓨터, 전투 로봇, 무인 비행선, 그리고 해커들이 전선의 주역이 될 것이라는 사실이다.

광선검으로는 절대 별들의 전쟁을 끝낼 수 없다

〈스타 워즈〉는 'SF 영화란 이런 것이구나' 하는 인식을 전 세계 대중들에게 각인시킨 영화이면서, 동시에 가장 비과학적인 SF 영화 중의 하나로 손꼽힌다. 그것은 영화에 등장하는 장면, 첨단 과학기술 장치, 상황 설정이 그다지 과학적이라고 볼 수 없는 경우가 많기 때문이다. 묵직한 금속성 굉음을 뿜으며 칠흑 같은 암흑을 헤치고 지나가는 우주선. 우리에게 익숙한 SF 영화의 한 장면이지만, 소리는 매질의 진동으로 전파되는 진동파이므로, 진공인 우주에서 우주선이 굉음을 낼 수는 없다. 이 유명한 '옥에 티'를 사실로 믿게 만든 영화가 바로 〈스타 워즈〉다.

〈스타 워즈〉 하면 떠오르는 '광선검' 역시 과학적으로 존재할 수 없는 무기다. 빛의 가장 기본적인 성질 중의 하나는 '직진성', 즉 세상의 모든 빛은 직선으로 나아가며 가다가 저절로 멈출 수는 없다. 그리고 빛은 서로 부딪쳐도 전혀 상호작용 없이 그냥 스쳐 지나간다. 우주에 존재하는 입자들은 서로 힘을 주고받는 입자 그룹과 전혀 상호작용을 하지 않는 입자 그룹으로 크게 나눌 수 있다. 앞의 것을 페르미온^{fermion}, 뒤의 것을 보손^{boson}이라고 부른다. 전자나 양성자 등은 페르미온에 속하기 때문에 서로 힘을 주고받는다. 그리고 전자와 양성자가 서로 주고받는 힘을 우리는 '전기력'이라고 부른다. 반면 '파이 메손$^{\pi\ meson}$'이나 뉴트리노^{neutrino} 그리고 빛의 입자적 형태인 광자는 서로 아무 영향을 끼치지 않는 보손 그룹에 속한다. 따라서 빛으로 이루어진 칼날은 서로 아무리 휘둘러도 부딪치지 않고 그냥 지나가버리게 된다.

〈스타 워즈〉의 장면들을 사실로 믿었다가는
우주 전쟁에서 지고 말 것이다.

공중을 떠다니는 자동차도 마찬가지다. 아무런 분사 장치 없이 자동차가 중력을 이기고 공중에 떠 있을 수 없다. 영화에서 자동차가 떠다니는 장면은 마치 '반중력' ― 중력과는 반대로 물체가 서로 밀어내는 힘―을 이용한 것처럼 보이는데, 반중력은 아직 실제로 존재한다는 증거가 없으며, 존재한다고 주장하는 과학자들도 그 크기가 중력에 비해 턱없이 작다는 것을 시인하고 있다. 행여 반중력이 존재한다 하더라도 자동차를 띄울 정도의 힘은 아니라는 것이다.

〈스타 워즈〉에 등장하는 과학적인 오류들 중에서 많은 사람들이 간과하는 중요한 실수가 있다. 그것은 전투 장면에 등장하는 소형 우주선의 비행에 관한 것이다. 흔히 전쟁 영화의 공중전 같은 데서 비행기가 날다가 진행 방향을 바꿀 때 몸체를 한쪽으로 기울이는 것을 본 적이 있을 것이다. 오른쪽으로 방향을 바꿀 때에는 왼쪽 날개를 들고 오른쪽은 기울이면서 서서히 방향을 바꾼다. 이는 공기의 압력을 이용하기 위한 것이다. 비행기가 공중에 떠 있을 수 있는 이유는 날개 윗부분의 공기압이 날개 아랫부분의 공기압보다 낮기 때문이다(13장 참조). 따라서 진행 방향을 오른쪽으로 바꾸려면 왼쪽 날개를 위로 올리고 오른쪽 날개를 낮추어서 공기압이 비행기를 오른쪽으로 밀어내도록 만들어야 한다. 그렇기 때문에 비행기가 방향을 바꿀 때에는 날개를 한쪽으로 기울이는 것이다. 그러나 공기가 없는 우주 공간에서는 전혀 그럴 필요가 없다. 따라서 〈스타 워즈〉의 마지막 장면에서 루크 스카이워커가 소형 우주선을 타고 오른쪽으로 돌 때 왼쪽 날개를 올리는 것은 '옥에 티'이거나 그저 멋을 부리기 위한 것이다.

우주 전쟁을 준비하는 사람들

그렇다면 현실적으로 좀 더 그럴듯하게 미래 전쟁의 모습을 예측해보자. 우선 미래 전쟁은 그 전장이 우주로 확대될 것임에 틀림없다. 1958년 NASA가 창설된 이후, 우주왕복선은 미국 공군의 미래를 좌우할 핵심 기술의 견인차 역할을 담당해왔다. 빅 버드, 베라, 아제나 D 등 군사위성들도 미국의 안보에 결정적인 역할을 하고 있다. 빅 버드와 같이 뛰어난 분해 능력을 갖춘 고성능 대형 카메라가 탑재된 정찰위성은 지상의 30센티미터 목표물까지 정확하게 탐지할 수 있어 상대국의 군사 정보와 지상 상황을 파악하는 데 이용되며, 베라는 지표면에서 발생한 핵폭발 탐지에 관한 정보를 신속하게 본국으로 전달하도록 설계되어 있다.

우주 전쟁을 이야기할 때 빼놓을 수 없는 무기 중에 하나가 레일 건이다. SF 소설이나 영화에 자주 등장하기 때문에 이 무기에 대해 궁금해하는 사람들이 많을 것이다. 레일 건의 위력을 가장 멋지게 보여준 영화가 바로 아널드 슈워제네거 주연의 〈이레이저Eraser〉다. 재판에서 중요한 증언을 한 사람들의 생명을 보호하기 위해 그들의 신분을 없애주고 '새 삶을 찾도록 도와주는 임무'를 맡은 주인공 존 크루거가 사용하는 총이 바로 'EMP 건Electromagnetic Pulse Gun', 레일 건이라 불리는 총이다. 총의 이름이 레일 건인 이유는 총의 내부에 기차 레일처럼 생긴 구리를 나란히 놓고 거기에 전류를 흐르게 하기 때문이다. 그러면 그 내부에 흐르는 전류에 의해 자기장이 형성되는데, 이 자기장은 레일 사이에 있는 전자를 수직 방향으로 가속시킨다. 이런 힘을 물리학자들은 '로렌츠의 힘'이라고 한다. 이 힘을 통해 빠른 속도로 충분히 가속된 전자를 방출하면 위력적인 무기가 된다. 이것이 레일 건의 원리다. 그 원리는 일찍부터 알려졌으나, 레일 건은 레이건 대통령이 전략방위구상의 일환으로 날아오는 미사일을 우주 공간에서 요격하려는 목적으로 새롭게 설계한 것이다.

이 무기의 화력은 전자를 얼마나 빠른 속도로 가속하느냐에 달려 있는데, 그러기 위해서는 레일의 길이가 길어야 하고 강한 자기장을 만들 수 있도록 강한 전류를 흐르게 해주어야 한다. 1970년대 초 처음으로 이 총을 시험 제작했던 리처드 마셜Richard A. Marshall과 호주 국립대학의 동료들은 5미터 크기의 레일과 160만 암페어의 전류를 이용해서 초속 6킬로미터로 분사되는 레일 건을 만드는 데 성공했다.

그러나 레일 건은 아직 해결해야 할 문제점이 많다. 우선 열에너지로 소모되는 에너지 손실이 너무 크고, 레일 건의 반발력이 너무 세서 총 자체의 안정된 시스템을 구축하기 힘들다. 또 강력한 전력 공급기를 내장해야 하는데, 12V짜리 자동차 배터리 1만 4000개에 해당하는 전력을 공급해주어야 한다. 따라서 〈이레이저〉에 등장하는 레일 건처럼 작은 개인용 화기로 만들기에는 아직 기술이 부족한 편이다.

미국의 대중 과학 잡지 〈파퓰러 사이언스〉에 따르면, 미국의 한 무기회사는 '슈퍼 건'이라는 이름의 '리셀 웨폰lethal weapon(치명적인 무기)'을 개발했다고 한다. 이 총의 사정거리는 1킬로미터. 레이저 측정기가 목표물과의 거리를 정확히 알려주며, 야간 전투에 대비해 적외선과 6배 줌 카메라가 장착된 '헤드-마운티드 디스플레이head-mounted display'도 연결되어 있다. 앞으로 정보 선진국들은 군사 전문가들을 동원해 머리부터 발끝까지 이런 첨단 장비들로 무장한 디지털 병사를 양성할 것이다.

미 공군 신세계 전망보고서에 따르면, 1999년 입안된 21세기 미 국방 장비 계획에는 레이저 무기를 장착한 우주 비행기가 포함되어 있으며, 2030년에는 군사 작전을 수행할 수 있는 우주 비행 중대를 운용할 수 있을 것으로 내다보고 있다.

한편 '로봇 병사'의 출현도 기대되고 있다. 사이보그들이 전쟁을 대신한다는 것은 아직 SF 소설에서나 어울리는 시나리오지만, '지뢰 탐사 로봇'이나 험한 지형을 뚫고 용감하게 돌진하는 '자동차 로봇'이 머지않아 등장할 것으로 예측된다. 또 적의 벙커만 전문으로 파괴하는 로봇이나, 인공위성으로 원격조종 할 수 있는 초소형 무인 비행체, 그리고 첨단 센서와 레이저 포를 갖춘 자살 로봇의 실현 가능성도 점쳐지고 있다.

1972년에 체결된 반유도미사일 협정은 우주에서의 레이저 무기 개발을 금지하고 있다. 만약 미국이 레이저 무기 개발과 배치를 계속 추진한다면, 이는 정치적으로 중대한 문제가 될 것이다. 한 시사 주간지 기자는 미국의 이러한 우주 전쟁 구상에 대해 이렇게 비꼬았다. "영화 〈스타 워즈〉가 전 세계 대중들의 시선을 우주로 끌어 모으고 있는 동안 같은 이름의 스타 워즈 계획 아래 아주 조용히 레이저 무기 개발에 박차를 가한 데서 알 수 있듯, 미국은 패스파인더 호가 보여준 화려한 우주 쇼 뒤에서 진짜 루크 스카이워커가 성조기를 단 우주 전투기를 몰고 지구를 선회하는 시대를 착실히 준비해온 것 같다."

헬리콥터는
360도 회전할 수 없다?

블루썬더
Blue Thunder

비행기와 헬리콥터는 할리우드 액션 영화에서 스토리를 이끄는 중요한 모티프로 자주 등장한다. 〈패신저 57^{Passenger 57}〉, 〈콘에어^{Con Air}〉, 〈에어 포스 원^{Air Force One}〉, 〈탑 건^{Top Gun}〉, 〈고공 침투^{Drop Zone}〉, 〈에어플레인^{Airplane!}〉, 〈파이널 디씨전^{Executive Decision}〉, 〈터미날 스피드^{Terminal Velocity}〉 등 비행기를 주요 소재로 다룬 영화들이 생각보다 많다. 아마도 빠른 속도와

높은 고도, 그리고 비행기 내부에선 총을 함부로 쏠 수 없다는 특수한 상황이 관객들에게 긴장감을 자아내기 때문이 아닐까 싶다.

헬리콥터도 마찬가지다. 영화에서 추격전이 나온다 싶으면 어김없이 헬리콥터가 등장한다. 심지어는 〈아파치Fire Birds〉나 〈블루 썬더〉와 같이 헬리콥터가 아예 주인공으로 등장하는 영화도 있었다. 물론 〈에어울프Airwolf〉도 빼놓을 수 없다. "두두두두……" 하는 소리와 함께 미친 듯이 돌아가는 프로펠러, 그리고 지평선에서부터 서서히 그 모습을 드러내는 식의 헬리콥터의 등장은 언제 봐도 멋지다.

거짓말처럼 날아오른 것들의 거짓말

비행기와 관련된 영화 속 '옥에 티'는 아주 많다. 잘 알려진 과학적인 오류 중의 하나는 〈다이 하드 2Die Hard 2〉의 마지막 장면이다. 1편에서는 빌딩이라는 제한된 공간에서 벌어지는 숨 막히는 액션이, 2편에서는 뉴욕 케네디 공항으로 무대를 옮겨 펼쳐진다. 상공에서 발이 묶인 여객기의 승객들을 볼모로 관제탑을 위협하던 테러범들이 목적을 달성하고서 탈취한 비행기로 공항을 빠져나가려는 영화의 막바지, 이때 '진짜 잘 안 죽는(Die Harder)' 우리의 주인공 브루스 윌리스는 어떻게 악당들을 처치할까?

브루스 윌리스는 범인들이 타고 있는 여객기에 올라타 연료통의 밸브를 열어놓는다. 그리고 비행기에서 떨어져 활주로에 엎어진 채 하늘로 날아가는 비행기를 회심의 눈빛으로 바라만 보다가 비행기에서 새어나오는 기름 줄기에 라이터 불을 당긴다. 불은 순식간에 기름 줄기를 타고 올라가 비행기에 닿고 비행기는 공중에서 폭파된다.

관객의 감탄을 자아낼 만큼 인상적이었던 이 장면이 거짓말인 이유는, 우선 불길이 기름 줄기를 따라 타들어가는 속도가 비행기 속도에 비하면 턱없이 느리다는 데 있다. 실제로 이 장면을 재현해보니, 불길이 타들어가는 속도가 10m/s도 안 됐다. 다시 말해 1초에 10미터도 못 간다는 얘기다. 그러니 날아가는 비행기를 따라잡는 것이 어떻게 가능하랴! 더욱 황당한 것은 항공우주공학과 친구들의 하나같은 주장에 따르면, 여객기의 연료는 등유라서 불이 잘 안 붙는다는 것이다. 그러니 처음부터 이러한 설정 자체가 잘못된 것이다.

헬리콥터는 어떻게 날 수 있을까

헬리콥터 이야기로 넘어가보자. 헬리콥터는 활주로 없이도 수직 이착륙이 가능하고, 공중에서 정지해 있을 수도 있다. 그래서 헬리콥터는 비행기가 갈 수 없는 협소한 지역을 지날 때 또는 공중 측량, 물자 수송, 인명 구조, 사진 촬영시에 주로 이용된다. 〈쥬라기 공원〉에서 해먼드 박사 일행이 티라노사우루스와 벨로키랍토르에 쫓기다 가까스로 섬을 빠져나온 것도 헬리콥터 덕분이었고, 〈스피어Sphere〉에서 더스틴 호프만을 태평양 바다 한가운데 떠 있는 배로 수송한 것도 헬리콥터였다. 만약 해먼드 박사가 헬리콥터가 아닌 비행기를 준비해두었다면, 그처럼 빨리 빠져나오지 못했을지도 모른다.

요즘은 수직 이착륙이 가능한 비행기도 있다. 〈트루 라이즈^{True Lies}〉에서 이미 선보인 바 있는 '해리어^{Harrier} 기'가 그것인데, 헬리콥터로 할 수 있는 일을 굳이 비싼 '해리어 기'로 할 필요는 없다.

헬리콥터를 처음 구상한 사람은 레오나르도 다 빈치로 알려져 있다. 그 전에도 이미 유럽인들이나 중국인들이 생각했었다고는 하지만, 1490년경 다빈치의 노트에 그려진 헬리콥터에 대한 아이디어가 가장 구체적이고 과학적인 형태였다는 데 이의를 제기하는 사람은 없다. 그 후 한참 동안 헬리콥터에 대한 많은 연구가 있었지만 헬리콥터 자체의 무게와 화물을 들어 올릴 수 있는 강력한 엔진이 없었기 때문에 본격적인 개발이 이루어지진 않았다. 그러다가 폴 코르뉘^{Paul Cornu}가 만든 유인 헬리콥터가 수직 이륙에 성공하고, 1930년대 들어서는 완전한 수직 이착륙과 전진 비행에 성공하면서 헬리콥터는 사람들의 관심을 끌기 시작했다. 그러다가 헬리콥터의 역사에서 가장 유명한 인물인 이고르 시코르스키^{Igor Sikorsky}가 1939년 처음으로 자신이 만든 VS-300을 타고 기록적인 비행에 성공함으로써 헬리콥터의 실용성은 세상에 알려지게 된다. 그 후 제2차 세계대전을 거치면서 헬리콥터 디자인의 기본 원칙이 정해지고, 비로소 지금과 같은 다양한 헬리콥터가 등장하게 되었다.

헬리콥터가 공중으로 뜰 수 있는 원리는 무엇일까? 그것을 이해하기 위해서는 1600년대로 거슬러 올라가 자크 베르누이^{Jacques Bernoulli}가 발견한 '베르누이의 원리'를 이해해야 하는데, 이 원리를 알면 덤으로 비행기가 뜨는 원리까지 알 수 있다. '베르누이의 원리'란 공기나 물 같은 유체의 흐름이 빠르면, 그 유체가 누르는 압력은 약해진다는 것이다. 따라

헬리콥터가 아니라면 긴박한 상황에서 무엇이 주인공들을 구하겠는가?

서 물이 흐르는데 한쪽은 물살이 세고 다른 쪽은 물살이 약하다면, 물살이 약한 쪽은 압력이 세고 물살이 센 쪽은 압력이 약할 것이다. 그 사이에 나뭇잎을 놓아둔다면 나뭇잎은 물살이 센 쪽으로 옮겨갈 것이다. 왜냐하면 물살이 약한 쪽의 압력이 세기 때문에, 물살이 센 쪽으로 나뭇잎을 밀기 때문이다.

반원 모양으로 생긴 나무판자가 대기 속을 지날 때도 마찬가지다. 반원의 둥근 면을 위로 향하게 한 뒤 반원을 앞으로 이동하면 공기의 흐름이 위와 아래로 갈라지게 된다. 위쪽으로 간 공기의 흐름은 반원의 둥근 면을 따라 지나갈 테고, 아래쪽으로 지나는 공기는 직선으로 흘러갈 것이다. 둥근 면의 길이가 더 길기 때문에 위쪽으로 지나는 공기의 흐름이 더 빠를 것이다. 따라서 흐름이 느린 아래쪽 공기는 공기의 흐름이 빠른 —그래서 압력이 약한— 위쪽으로 나무판자를 밀 것이다. 이러한 힘을 양력이라고 하는데, 비행기가 날 수 있는 것도 바로 이 양력 때문이다. 비행기의 날개는 윗면이 더 휘어져 있는 유선형이어서 좀 더 쉽게 위로 뜰 수 있다.

헬리콥터가 뜨는 원리는 약간 더 복잡하다. 양력을 이용하긴 하지만, 유선형의 날개가 양력을 만드는 것과는 다르기 때문이다. 헬리콥터의 회전하는 날개는 윗면과 아랫면이 똑같이 생겼다. 그렇다면 어떻게 양력을 만들까? 헬리콥터는 회전날개의 각도를 달리하여 양력을 만든다.

이것은 차를 타고 실험해볼 수 있다. 차가 달리는 동안 옆의 유리창을 내린 후 손을 약간만 내밀어보자. 수평으로 편 손을 약간만 앞으로 기울이면 손이 떠오르는 것을 느낄 수 있을 것이다. 수평면을 기울이면 바람을 받는 면적이 위와 아래가 서로 달라져서 양력을 만들어내게 된다. 이런 원리로 헬리콥터는 중앙 프로펠러의 날개 각도를 기울인 뒤 회전대시켜 양력을 만들어낸다.

과학이 선물한 스펙터클

헬리콥터의 방향을 바꾸고 싶을 때는 날개 면의 각도를 다르게 만들어주면 된다. 이것은 팽이를 가지고 확인해볼 수 있다. 시계 반대 방향으로 열심히 돌고 있는 팽이의 오른쪽 부분을 살며시 눌러보자. 그러면 팽이가 앞으로 진행하는 것을 관찰할 수 있다. 팽이는 회전할 때 두 개의 회전 운동을 동시에 한다. 자신을 축으로 회전하는 운동과 다른 무언가를 축으로 그 주위를 도는 운동 두 가지이다. 보통 회전 운동을 할 때 이 두 가지 운동은 균형을 이루고 있는데, 만약 회전하는 팽이의 한쪽 면을 눌러 균형을 깨면 그 깨진 균형을 유지하기 위해서 반사적으로 팽이가 앞으로 진행하게 되는 것이다. 물리학자들은 이러한 효과를 '세차효과 Gyroscopic Precession' 라고 부르며, 바로 이 원리로 헬리콥터가 앞으로 진행하는 것이다.

그런데 문제가 있다. 중앙의 프로펠러가 회전을 하게 되면 헬리콥터의 본체는 그 반대 방향으로 회전을 하려고 할 것이다. 이것이 바로 그 유명한 뉴턴의 작용 · 반작용의 법칙, '어떤 힘이 가해지면 그 힘과 크기는 같고 방향은 반대인 힘이 작용하게 된다' 는 것이다. 이 문제를 해결하기 위해 많은 과학자들이 연구를 했다. 처음에는 중앙 프로펠러 윗부분에 반대 방향으로 회전하는 또 하나의 날개를 얹어 중앙 날개가 본체를 회전시키려는 힘(물리학자들은 이렇게 회전하도록 만드는 힘을 토크^{torque}라고 부른다)을 상쇄하도록 설계하였다. 이러한 설계를 '동축반전식'이라고 부른다.

이고르 시코르스키는 뒷부분에 꼬리 날개를 수직으로 장착하여 이 문제를 해결했다. 수직으로 서 있는 이 프로펠러가 중앙 프로펠러가 만든 회전력을 상쇄시키는 역할을 하는 것이다. 로버트 드 니로와 찰스 그로딘이 주연한 〈미드나이트 런^{Midnight Run}〉이라는 영화를 보면 꼬리 날개가 헬리콥터 본체가 중앙 프로펠러로 인해 회전하지 않도록 균형을 잡아주는 데 얼마나 중요한 역할을 하는지 잘 알 수 있다. 찰스 그로딘이 추격을 당하는 장면에서 헬리콥터를 탄 악당이 강에 빠진 그로딘을 향해 총을 쏜다. 그러자 로버트 드 니로가 절벽 근처에서 총으로 헬리콥터의 꼬리 날개를 맞힌다. 그러자 헬리콥터가 갑자기 중심을 잃고 동체가 마구 회전하면서 추락하고 만다.

하지만 꼬리 날개가 반드시 있어야만 하는 것은 아니다. 요즘엔 꼬리 날개가 없는 헬리콥터도 있다. 꼬리 날개가 없는 헬리콥터를 노타르^{NOTAR,} ^{No Tail Rotor} 헬리콥터라고 부른다. 노타르 헬리콥터는 영화 〈스피드^{Speed}〉에서 볼 수 있다. 영화를 보면 폭탄이 설치된 채로 미친 듯이 달리는 버스 위로 헬리콥터 한 대가 계속 쫓아가는 모습을 볼 수 있다. 그 헬리콥터가 바로 노타르 헬리콥터.

군사 무기 제조 회사로 널리 알려진 맥도넬 더글러스 사가 제작한 이 헬리콥터는 '코안다 효과^{Coandă effect}'를 이용한 것이다. 코안다 효과란 흐르는 유체에 휘어진 물체를 놓으면 유체도 따라 휘면서 흐르는 현상을 말한다. 너무 당연한 얘기처럼 들리는 이 원리는 노타르 헬리콥터에서 중요한 역할을 한다. 중앙 날개가 회전하면 날개가 밑으로 밀어내리는 공기 흐름downstream이 강하게 생긴다. 이러한 공기의 흐름이 헬리콥터가 떠오르는 것을 방해하게 된다. 그래서 뒷부분에 꼬리 날개 대신 공기 흡입 장치를 달아서 밑으로 내려오는 공기를 빨아들인 후 공중 급유 파이프 옆에 있는 슬롯으로 빠져나가게 만든다. 그러면 코안다 효과에 의해 급유 파이프 모양을 따라 동그랗게 공기가 회전하면서 나간다. 이 모양이 비행기의 뒷날개와 유사하게 생겼다. 이러한 원리를 이용한 공기 흡입구가 꼬리 날개의 효과를 대신하는 것이다.

헬리콥터의 비행은 회전 날개를 이용해서 주변의 공기를 조절하는 것이기 때문에, 회전 날개로 인한 바람뿐만 아니라 상대풍, 다시 말해 헬기 기체가 전진할 때 앞에서 불어오는 바람에 의해서도 크게 좌우된다. 회전 날개의 회전 속도와 헬기의 전진 속도는 상대풍의 관계로 최대 속도가 제한되기 때문에 음속을 돌파할 정도로 빠른 헬리콥터를 만들기는 굉장히 힘들다.

게다가 〈미션 임파서블Mission: Impossible〉의 마지막 장면에서처럼 헬리콥터가 지하철 터널 속으로 들어가 지하철과 추격전을 벌이는 일은 거의 불가능하다. 지하철 터널은 밀폐된 공간이고, 지하철이 시속 수백 킬로미터의 속도로 질주하고 있기 때문에 지하철 뒤로 지나가는 공기는 터뷸런스turbulence(극심한 요동) 상태일 것이다. 마구 요동치는 공기의 흐름 속에서 헬리콥터가 정상적으로 비행하기는 힘들다.

가능하지만 가능하지 않은 장면

공격형 헬리콥터 '블루 썬더'를 다룬 영화 〈블루 썬더〉에서는 마지막에 헬리콥터가 360도 회전하는 장면이 나온다. 주인공 프랭크 머피(로이 샤이더)는 블루 썬더를 몰고 악당들에 대항하지만 손에 총을 맞는다. 그 상황을 탈출하기 위해 블루 썬더를 360도 회전시키는 장면이 등장한다. 물론 이 장면은 카메라 트릭으로 찍은 것이지 실제로 헬리콥터가 360도 회전한 것은 아니다. 그렇다면 이런 장면을 실제로 찍을 순 없을까?

우선 원리적으로는 어떤 헬리콥터도 360도 루프를 돌며 회전할 수 있다. 비행기에서는 360도 회전을 할 때 우선 속도를 높인다. 그러고는 본체 앞부분을 올리면—즉 스틱을 당기면—비행기가 머리를 하늘로 향한 채 수직으로 선다. 이때 서서히 잡아당겼던 스틱을 풀어주면서 비행기가 궤도의 뒤쪽 부분으로 향할 때 갑자기 스틱을 앞으로 민다. 왜냐하면 비행기가 완전히 뒤집어졌을 때 중력과 반대 방향으로 힘을 받아 떠올라야 하기 때문이다. 그렇지 않으면 'ㅇ' 자 형이 아니라 'ㅌ' 자 형으로 회전하게 된다. 헬리콥터도 360도 회전하기 위해서는 완전히 뒤집어졌을 때 중력과 반대 방향으로 힘을 받을 수 있어야 한다. 그런데 그러기 위해서는 평소 떠오를 때와는 반대 상황이기 때문에 중앙 날개의 각도를 반대로 돌려야 한다. 그러나 실제로 이러한 기술을 구사하는 파일럿은 아무도 없다.

평소 비행에서 이런 기술이 필요한 때가 없을뿐더러 헬리콥터의 360

도 회전은 위험하기 때문이다. 그래서 에어쇼를 할 때도 360도 회전은 법으로 금지되어 있다고 한다. 그러나 어쨌든 '원리적'으로는 가능하다. 이것은 라디오파로 조종하는 모형 헬리콥터를 가지고 실험해보면 알 수 있다. 모형 헬리콥터의 360도 회전은 가능하다.

코소보 사태가 일어난 당시 스텔스 기가 한때 뉴스의 초점이 됐었다. 스텔스 기는 레이더에서 나오는 전파를 산란 또는 분산시키거나, 램 코팅^{Ram Coating} 기술을 통해 흡수해버림으로써 레이더에 잡히지 않도록 개발된 폭격기다. 미국의 자존심인 스텔스 기가 유고의 군사 시설 지역을 폭격하던 중 추락하여 문제가 됐던 것이다. 한 대에 수백억 원이 넘는 고가의 무기가 한순간에 고철이 된 것도 큰일이었지만, 스텔스 기에 기술적인 결함이 발견된 것은 아니냐는 지적으로 연일 뉴스의 도마 위에 올랐다. 폭격기 한 대가 추락해도 뉴스에서 이렇게 떠드니, 헬리콥터가 추락하고 비행기가 폭파되는 영화 속 이야기가 실제 벌어진다면 얼마나 대단한 뉴스거리가 될까? 영화를 너무 많이 본 탓인지, 조종사가 걱정될 뿐 스텔스 기 추락에는 별로 관심이 가질 않았다.

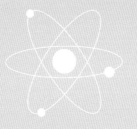

PART 02
이 장면 꼭 있다, SF 영화 공식에서 만난 과학

타임머신, 순간 이동, 우주여행…….
SF영화라면 절대 빠질 수 없는 이런 것들이
현실적으로 가능할까?
상상을 현실로 만드는 과학자들의 고군분투기.

Cinema
14

HAL 컴퓨터와 인공지능

2001 스페이스 오딧세이
2001: A Space Odyssey

HAL9000. SF에 관심을 가진 사람들 사이에서 고전으로 꼽히는 영화 〈2001 스페이스 오딧세이〉에 등장하는 컴퓨터의 이름이다. 사람을 물리치고 당당히 '주인공'을 맡은 이 컴퓨터는 생각하고, 말하고, 보고, 느끼고, 심지어 감정을 표시하는 등 완벽한 인공지능을 갖춘 것으로 묘사돼 있다.

1968년 영화 속에서 제작된 이 컴퓨터 한 대 때문에 세상이 시끌벅적했던 적이 있다. 1997년 1월 내로라하는 컴퓨터 공학자들이 이 컴퓨터를 기리기 위한 모임을 가졌고, 인터넷에서는 영화가 만들어질 당시에 미처 상상하지 못했던 '사이버 파티'가 벌어졌다. 또 사이버 컬처를 대표하는 잡지 〈와이어드〉 1997년 1월호에서는 이 상상 속의 기계를 다루는 데 상당한 페이지를 할애했다.

외눈박이의 모습을 한 HAL9000은 영화에서 "나는 1997년 1월 12일 일리노이 주 어바나에서 태어났습니다"라고 말하는데, 이 축제는 바로 30년 전에 언급된 그의 생일을 기념하기 위한 것이었다.

HAL에게 바치는 헌정 논문집도 나왔다. 리코 캘리포니아 연구센터 소장 데이비드 스토크David Stork의 발의로 제작된 논문집인 《할의 유산 : 꿈과 현실로서의 2001년 컴퓨터》가 바로 그것이다. 인공지능의 대부인 MIT 미디어랩 마빈 민스키Marvin Minsky 박사의 인터뷰를 비롯해 저명한 인공지능 연구자와 철학자, 수학자 등이 쓴 16편의 논문이 수록된 이 책에는 할의 '아버지' 격인 아서 클라크의 서문도 들어 있다.

과학자의 상상력을 자극하는 로봇의 탄생

'지옥'을 뜻하는 영어 단어 'HELL'과 유사한 이 컴퓨터의 이름은 설계를 담당했던 IBM의 알파벳을 하나씩 앞으로 옮긴 것. 시나리오 단계에서는 원래 할 대신 그리스 신화에 등장하는 지혜와 예술의 여신인 '아테네'가 붙여졌다고 한다.

HAL은 어떤 컴퓨터인가. 이를 알아보기 위해서는 먼저 〈2001 스페이스 오딧세이〉가 어떤 영화인지를 살펴보는 것이 순서일 듯하다. 아서 클라크의 작품을 토대로 스탠리 큐브릭Stanley Kubrick 감독이 만든 이 영화는 상상력이 테크놀로지보다 더 중요하다는 것을 증명한 기념비적 작품으로 평가되고 있다.

요즘의 SF 영화와 달리 컴퓨터 그래픽을 사용하지 않고도, 작가와 감독은 SF가 갖출 수 있는 모든 요소를 영화에 녹여 넣었다. 또한 수백 권의 책보다 더 함축적으로 미래론을 전개한 터라 이 영화는 적지 않은 과학자들에게 새로운 연구 테마를 제공했다. 헌정 논문집의 책임 편집자 스토크 박사는 영화로부터 영감을 받아 지금까지 사람의 입술을 읽는 컴퓨터를 연구해왔다.

클라크와 큐브릭은 작품의 완성도를 높이기 위해 NASA와 컴퓨터 학자들의 도움을 받아 대본 작업에만 2400시간을 매달린 것으로 알려져 있다. 이 때문에 이 영화에는 다른 SF물에서 쉽게 찾을 수 있는 과학적 오류가 발견되지 않는다. 이를테면 우주를 항진하는 동안 '쉭' 하는 효과음을 사용하는 다른 SF물과 달리 이 영화에는 우주선이 달리는 장면에서도 소음이 전혀 들리지 않는다.

이 영화에 등장하는 통신 기구를 비롯한 다양한 미래 물건도 빼놓을 수 없는 볼거리이다. 이들은 요즘의 시각으로 봐도 진부하다는 느낌을 주지 않는데, 여기에는 그럴 만한 이유가 있다. 바로 이 영화에 등장하는 각종 소품들은 당대 최첨단을 자랑하던 기업들이 제공했기 때문이다. 우주왕복선의 컴퓨터 디스플레이는 RCA, 우주 만년필은 파커, 기내식은 제너럴 푸드, 우주복은 듀퐁, 컴퓨터는 IBM 등이 디자인해 영화 제작을 도왔다.

1997년에 태어난 할은 4년간 수많은 부가 교육을 받은 뒤 5명의 승무원과 함께 우주선 디스커버리에 탑승해 목성으로 향한다. 할의 역할은 우주선의 관제와 함께 승무원을 보호해 이들이 비밀 임무를 성공적으로 수행할 수 있도록 돕는 것이다.

HAL은 이 영화에서 시종 중심에 놓여 있다. 영화에서 가장 대사가 많은 것도 HAL이다. HAL은 승무원과 체스를 두거나, 승무원이 그린 스케치에 관심을 표한다. 미국의 아동용 프로그램인 '세서미 스트리트Sesame Street'에서는 컴퓨터를 '그'라든지 '그녀'라고 부르지 않는다는 것을 원칙으로 삼고 있다. 이와 대조적으로 의미 없는 인식 번호를 이름으로 갖고 있을 뿐인 HAL은 영화를 통해 당당하게 인간으로 인정받고 있다. 실제 HAL을 다룬 영문 서적을 살펴보면 종종 'HE'라는 단어를 사용해 HAL을 호칭하는데, 이는 대단히 이례적인 일이다.

자신감에 찬 HAL은 자신의 임무 범위를 벗어나기 시작한다. 이 영화에서 가장 극적인 장면은 HAL의 작동 스위치를 끄려는 승무원들의 대화를 HAL이 입술을 읽어 알아듣고 오히려 승무원들을 위험에 빠지게 하는 부분이다. 고등 기계가 자신을 지키기 위해 '로봇의 원칙'에 반하는 '정신착란'을 일으킨 것이다.

"문을 열어. HAL!"

"미안합니다. 데이브. 나는 그럴 수 없을 것 같군요."

외부의 고장을 점검하러 바깥으로 나간 대장이 다시 우주선 안으로 들어오지 못하도록 하는 장면에서 HAL과 우주선 승무원이 주고받는 대화는, 인류가 '생각하는 컴퓨터'를 개발해낸다면 바로 그 컴퓨터에 의해 인류가 지배당할지도 모른다는 공포를 하나의 화두로 제기한다.

HAL의 후예들

과연 컴퓨터의 기술은 어디까지 발전할 것이며, 이에 따른 미래형 컴퓨터는 어떤 모습이 될 것인가? 또 영화에서 제시됐던 HAL은 실현 가능한 모델인가?

영화와 달리 그의 생일이 훨씬 지난 지금, 어디에서도 HAL과 견줄 만한 컴퓨터를 발견할 수 없는 것이 현실이다. 비록 수많은 학자들에 의해 말을 하고 알아듣는 컴퓨터, 생각하는 컴퓨터 등 인공지능을 구성하는 각 분야가 연구되고 있긴 하지만, 아직도 최종 목표인 '사람처럼 생각하는 기계'는 먼 꿈일 뿐이다.

"오늘날 기계는 특별한 분야에서는 매우 영리하다. 그러나 기계는 사람들이 쉽게 할 수 있는 부분에선 '젬병'이다. 이는 위대한 역설이다"라고 말한 민스키 박사의 견해 역시 벽에 다다른 인공지능 연구의 현실을 함축적으로 표현하고 있다.

연구자들은 인공지능 연구가 빠른 시일 내에 비약적인 발전을 이룰 것이라고 내다보고 있지만 이 경우에도 HAL의 수준에 오를 것으로 기대하지는 않고 있다. 기계가 사람처럼 사고하기 위해서는 인간의 뇌를 충분히 이해할 필요가 있는데, 아직도 뇌는 블랙박스로 치부될 정도로 연구 아직 '사람처럼 생각하는 기계'는 먼 꿈일 뿐이다.

가 미약하다는 것이 비관론의 결정적인 근거다.

하지만 모두가 이 같은 견해에 동의하는 것은 아니다. 현재 HAL에 가장 근접한 컴퓨터로 꼽히는 '사이크^{CYC}(encyclopedia, '백과사전'의 의미)'의 제작자인 전 스탠퍼드 대학 교수 더글러스 레너트$^{Douglas\ Lenat}$ 박사에게 HAL을 구현하는 것은 포기할 수 없는 일이다.

그의 연구 팀은 사이크를 '상식을 갖춘 전문가 시스템'으로 '키우고' 있다. 사이크를 상식에 기초해 정보를 수집하고 스스로 추론할 수 있는 단계까지 이르게 한다는 것이 최종 목표다. 한편 MIT의 로드니 브룩스$^{Rodney\ Brooks}$ 교수는 곤충 모양의 로봇 '코그^{Cog}(cognition, '인지'의 의미)'를 만들기도 했는데, 이 로봇은 인공 생명의 핵심 개념이라 할 수 있는 '창발성'에 기초해 곤충처럼 반사적인 행동을 통해 스스로 학습하고 환경 변화에 적응하는 것을 목표로 만들어졌다.

인공지능의 구현에 회의적인 입장을 가지고 있는 학자들은 혹 1세기 내에 HAL과 같은 컴퓨터가 등장할 수도 있을 것이라는 정도는 인정한다. 하지만 이들은 이른바 '강인공지능론자'들에게 "기계가 사람보다 모든 면에서 뛰어날 필요가 있는가"라는 근본적 질문에 먼저 답할 것을 요구한다.

HAL 헌정 논문집에서 HAL의 언어 구사에 대한 글을 쓴 로저 섄크^{Roger} ^{Schank}는 "우리는 아마도 결국엔 HAL을 만들 수 없을지도 모르며, 또한 만들고 싶지 않을지도 모른다. 컴퓨터가 사랑에 빠지고, 맛있는 것을 챙겨 먹는 것보다 더 중요한 일이 우리에겐 얼마든지 있다"라고 말했다.

이에 관해서는 아서 클라크 역시 동감을 표했다. 그는 1000년의 시간을 뛰어넘어《2001 스페이스 오디세이》의 완결판이라 할 수 있는《3001 최후의 오디세이》를 발표한 바 있다. 《2001 스페이스 오디세이》에서 컴퓨터에 의해 살해된 승무원이 주인공으로 설정된 이 SF에서 클라크는 생각하는 컴퓨터가 도처에 널려 있으며, 가상현실이 지배하는 미래 지구의 모습을 그리고 있다. 그는 한 인터뷰에서 "가상현실은 실제의 현실보다 더 현실적인 일이 돼가고 있다. 나는 미래를 막고 싶다"라고 밝혔다.

터미네이터 2
복사기여, 로봇을 카피하라

부엌에 냉장고가 있다면 사무실엔 복사기가 있다. 묵직하니 사무실 한켠에 자리해 하루 종일 먹은 것을 똑같이 뱉어내는 우직한 운명을 타고난 테크놀로지. 처음 등장했을 때는 '첨단'이란 이름에 걸맞게 신기했겠지만 지금은 너무나 일상적이어서 둔해 보이기까지 하는 사무실의 필수품이다.

그러나 최근 '꿈의 복사기'가 등장했다. 이름하여 '3차원 복사기'. 종이 위의 글씨나 그림을 복사하는 것이 아니라 3차원 물건을 집어넣으면 같은 모양의 플라스틱 주형을 뜰 수 있는 복사기가 나온 것이다. 사람 손을 집어넣으면 손 모양의 조각품이 나오고, 사람 얼굴을 들이대면 마치 예술가가 만든 석고상 같은 조각품을 뽑아내는 조각가 복사기가 등장한 것이다.

그 비밀은 '자외선을 받으면 딱딱해지는 플라스틱'에 있다. 이 플라스틱이 없었다면 3차원 복사기는 탄생하지 못했을지도 모른다. 복사기의 원리는 간단하다. 3차원 스캐닝을 해서 물체의 입체적인 정보를 얻은 후 그 모양대로 플라스틱에 자외선 빛을 쪼이면 3차원 물건이 만들어진다. 그러니까 사고 싶은 장난감이 있으면 인터넷에서 클릭만 하면 3차원 프린터에서 장난감이 그대로 프린트되어 나오는 '아빠들의 천국'이 머지않았다는 얘기다. 장난감 가게를 하는 분들겐 죄송한 얘기지만.

지금은 플라스틱 복사만 가능하지만 앞으로 철, 세라믹, 종이 등 다양한 재료에 대해서도 3차원 복사가 가능하도록 연구를 하고 있다고 하니, 조만간 한국은행이 500원짜리 동전에도 지폐처럼 복사 방지 문양을 만들어 넣어야 할지도 모르겠다.

이 발명품이 나오고 석 달도 되지 않아 다시 세상을 깜짝 놀라게 만든 기술이 나타났다. 3차원 복사기의 원리를 이용해 필요한 부품을 스스로 만드는 로봇이 발명된 것이다. 이 로봇은 〈터미네이터 2$^{Terminator 2}$〉에 나오는 액체 로봇처럼 자신의 모양을 마음대로 바꿀 수도 있다. 사람 모양으로 지나가다가 거미 모양으로 변신하고 싶으면, 자신이 원래 가졌던 팔, 다리, 몸통을 기계에 넣고 플라스틱 액체로 만든 다음, 거미 모양에 필요한 부품을 3차원 복사기로 그 자리에서 찍어낸다. 그리고 그것을 스스로 조립하기만 하면 거미 모양으로 변신하게 되는 것이다.

제록스 팔로 알토 연구센터에서 일하는 마크 임$^{Mark Yim}$ 박사 팀이 개발한 이 로봇은 화성 탐사 로봇이 지형에 따라 스스로 모양을 변신하면서 업무를 수행하는 것처럼 산업용이나 탐사용, 군사용 등 다양한 용도로 이용될 수 있을 것으로 전망되고 있다. 아직은 변신하는 데 '아주' 오래 걸리고 단순한 변형만이 가능하지만, 언젠가는 〈터미네이터 2〉에 나오는 액체 로봇 T1000에 버금가는 로봇이 등장하지 않을까 생각해본다.

영화 속 상상력이 과학자들의 상상력을 앞지르는 것인지, 과학자들에게 영화 속 상상력을 현실 가능한 것으로 만들어내는 특별한 재주가 있는 건지, 알쏭달쏭하지만 둔하게만 보이던 복사기가 오늘따라 듬직하게만 보인다.

우주를 향한 인간의 꿈은 끝나지 않는다

아폴로 13호
Apollo 13

1969년 7월 16일 새턴 V 로켓을 타고 발사되어 달을 향해 긴 항해를 시작했던 아폴로 11호. 발사된 지 102시간 후인 7월 20일 암스트롱과 버즈 올드린은 무게 14톤의 달착륙선을 타고 '고요의 바다'라 불리는 달 표면에 착륙한다. 월면 체재 시간은 21시간 36분. 총 비행시간은 195시간 18분 35초.

소련의 인공위성 스푸트니크^{Sputnik} (길동무) 1호에게 '세계 최초'의 자리를 빼앗긴 후, 달에 첫발을 내딛은 순간 미국인들이 얼마나 감격했을지는 짐작이 가고도 남는다. 닐 암스트롱은 자신의 작은 발걸음이 인류의 거대한 첫 도약이라고 했지만, 사실은 미국의 거대한 첫 도약이라고 말하는 편이 옳을 것이다.

〈아폴로 13호〉는 그에 이어 세 번째 발사되었으나 운항 중 기계선의 산소 탱크 고장으로 6일 만에 귀환한 아폴로 13호에 얽힌 실제 이야기를 바탕으로 만든 영화로, 1995년 영화 개봉 당시 흥행에 크게 성공함은 물론 실제 사건까지 다시 한 번 큰 관심을 받게 만들었다.

아폴로 계획, 인간을 달로 보내다

인류의 오랜 동경의 대상이던 달을 향한 탐험 계획은 제2차 세계 대전으로 인해 급속도로 로켓 기술이 발달하면서 현실로 다가오게 되었다. 로켓이란 뉴턴의 '작용과 반작용의 원리'에 의해 만들어진 추진 기관으로서, 바람이 뒤로 빠지면서 고무풍선이 날아가듯 연소 가스를 뒤로 분사시키며 앞으로 추진하게 한다. 로켓이 큰 추진력을 얻기 위해서는 고온 고압의 연소 가스를 계속적으로 발생시켜야 하기 때문에, 만들기 힘들고 연소 시간이 짧은 고체 연료보다 효율적인 액체 연료를 사용한다. 기계선 탱크에 액체 연료와 액체 산소를 따로 보관하여 필요한 양만큼씩 뽑아 액체 산소와 함께 연소시켜 사용하게 된다.

전쟁 직후 항공 기술면에서 미국에 크게 뒤져 있던 소련은 아직 미국에서 적극적으로 손을 대고 있지 않은 우주로켓을 먼저 개발하여 우주개발 면에서 기술적 우위를 확보하고 국가적 자존심을 세우기 위해, 패전한 독일의 로켓 기술을 받아들여 로켓 개발을 서두르게 된다.

이러한 노력으로 소련은 1957년 10월 4일, 지구 관측용 인공위성 스푸트니크 1호를 인류 역사상 처음으로 쏘아 올리는 데 성공한다. 또, 한 달만인 11월 3일 스푸트니크 2호에 '라이카'(영화 〈개 같은 내 인생^{Mitt Liv Som Hund}〉의 시작을 장식하기도 하는 그 유명한 개)라는 개를 태워 쏘아 올렸다. 1961년 4월에는 최초의 우주 비행사 유리 가가린(공군 소령)을 태운 유인 인공위성 보스토크^{Vostok}(동방) 1호를 쏘아 올려 지구를 한 바퀴 돌게 한 다음, 무사히 돌아오게 하는 데 성공해 미소 양대국의 치열한 우주개발 경쟁에서 미국을 더욱 창피하게 만들었다.

1961년 1월 제35대 대통령으로 취임한 케네디는 1961년 5월 새로 설립된 NASA로 하여금 소련보다 앞서 달에 갔다 올 유인 우주선과 그것을 쏘아 올릴 대형 로켓을 연구 개발하게 하는데, 이것이 그 유명한 '아폴로 계획'이다.

우주개발 기술은 대륙간 탄도유도탄^{ICBM}과 같은 군사기술과 깊은 관련이 있기 때문에 아폴로 계획은 전폭적인 지원을 받으며 순조롭게 진행되었다. 1967년 아폴로 우주선과 이를 쏘아 올릴 새턴 5형 로켓이 완성되었고, 그 후 10번의 시험비행 끝에 1969년 7월 16일 아폴로 11호가 암스트롱과 올드린, 콜린스를 태우고 지구를 출발하여 7월 20일 달 표면에 착륙하는 데 성공한다. 이 후 미국은 1972년까지 무려 6차례나 우주선을 대기권으로 보냈으며, 최초로 월면에 미국기를 꽂았으며, 월석을 수집하는 등 탐사 활동을 하였다.

그런데 사실 그 배후에는 대륙간 탄도유도탄 개발을 위한 실험이라는 군사적인 목적이 있었으며, 베트남 전쟁에 반대하는 국민들의 불만을 다른 곳으로 돌리기 위한 언론의 과대 선전도 맞물려 있었다. 그러기에 언론의 흥분이 절정에 달했던 아폴로 13호의 실패는 국가로서는 빨리 수습해야 할 위기였으며, 국민들에게는 미국의 신화에 대한 충격적인 일격이었다. 무사히 귀환한 아폴로 13호는 축하 퍼레이드와 닉슨의 회견을 끝으로 역사의 뒤안길로 사라졌다. 사령관 짐 러벌^{Jim Lovell}을 비롯한 세 사람은 다시는 우주인이 되지 못하였으며, 대기권 진입의 열기를 견디며 세 생명을 지킨 사령선 오디세이는 무심하게도 프랑스의 박물관에 보내졌다. 사건은 종결되었다. 그러나 그 후 미국인들은 아폴로 승무원들이 군사적인 목적으로 무모한 실험에 견본품처럼 동원되었다는 사실에 눈을 돌리게 된다(애초부터 그들에겐 원격 조종으로도 충분히 가능한 일들만 주어졌었다).

론 하워드^{Ron Howard} 감독과 톰 행크스, 그리고 제임스 캐머런이 이끄는 디지털 도메인 사는 영화 〈아폴로 13호〉에서 퇴색해버린 개척 정신과 쓰디쓴 상처만을 남긴 채 잊혀버린 25년 전의 역사를 우주선과 휴스턴 관제 센터 그리고 온 국민이 하나가 되어 대재난을 극복하는 과정으로 형상화시킴으로써, 달 위를 걷겠다는 야망보다 더 장엄한 미국의 초상을 보여준다. 결국 중요한 것은 달에 가는 일이 아니라, 신과 자연의 시험에 응전하는 인간의 노력이기 때문이다.

우주여행은 영화에서나 가능한 일일까

그 후 우주과학은 놀라운 발전을 거듭했다. 지난 2001년 4월 28일, 그러니까 1961년 소련의 유리 가가린이 90분간 우주 비행에 성공한 지 40년 만에, 이탈리아계 미국인 데니스 티토가 민간인으로는 처음으로 우주 관광을 무사히 마치고 돌아왔다. 그는 6개월간의 훈련 기간을 마치고 러시아 화물선인 소유즈-TM32 우주선을 타고 러시아 국제우주 정거장 ISS까지 갔다 왔다. 그가 이 여행을 위해 러시아에 지불한 관광비는 무려 2000만 달러(260억 원). 이는 재정난에 시달리는 러시아 항공우주국 1년 예산의 6분의 1에 해당하는 엄청난 액수다. 러시아가 이런 우주여행 상품을 세계 최초로 개발한 것도 재정난을 해결해보고자 하는 의도에서였다. 이에 NASA는 불편한 심기를 드러내면서 안전을 이유로 러시아의 '민간인 우주여행 프로젝트'를 반대하기도 했다.

티토는 대기권에 들어서자 "하라쇼!"라는 말을 연발했다고 한다. 이 말은 러시아어로 '좋다' 혹은 '훌륭하다'라는 뜻이다. 사실 그가 우주에서 한 일은 우주선 내부 시설을 둘러보거나 사진 촬영과 비디오 촬영을 하거나 가져간 오페라 CD를 듣는 것이 전부였지만, 그는 우주선에서 "우주가 더없이 사랑스럽다"라고 말했으며, 지구에 도착한 직후 기자들과의 인터뷰에서 "내 인생 최고의 시간을 보냈다. 우주여행은 낙원에 간 듯한 기분이었다"라고 소감을 밝히기도 했다.

2002년 4월 25일에는 두 번째 관광객으로, 인터넷 기업을 매각해 억만장자가 된 남아프리카공화국 청년 실업가인 마크 셔틀워스가 우주여행

가장 중요한 것은 달에 가는 일이 아니라,
신과 자연의 시험에 응전하는 인간의 노력이다.

을 무사히 마치고 열흘 만에 지구로 귀환했다. 셔틀워스도 "우주에서 본 지구처럼 아름다운 것을 나는 한 번도 본 적이 없으며 그 아름다움을 넘어서는 것을 상상할 수도 없다"라고 도착 소감을 밝혔다. 아프리카 최초의 우주인이었던 그는 여행 기념으로 소유즈 캡슐과 그가 입었던 우주복을 샀다.

미국에서도 '민간인 우주 관광'을 위한 연구가 한창 진행 중에 있다. 선두 주자는 시애틀에 본사를 둔 '제그램 우주비행 사'인데, NASA와 미 공군 출신들이 세운 이 벤처 회사는 현재 자가용 비행기 모양을 한 로켓 '스페이스 크루저Space Cruiser'를 개발하고 있다. 이 우주비행선은 기존 항공기처럼 수평으로 이륙하고 수평으로 착륙할 수 있으며 기체의 모든 부분을 재사용할 수 있다. 이 외에도 미국 로터리로켓 사, 보잉 및 맥도넬더글러스 등이 미래형 우주 민항기 개발에 몰두하고 있다. 업계는 우주 비행이 본격화될 경우 우주여행 시장 규모가 연간 20~30조 원에 이를 것으로 내다보고 있다.

이렇듯 이제 일반인의 우주여행은 영화 속 이야기만이 아니다. 우주여행에 필요한 경비가 좀 더 내려갈 경우 머지않아 '우주여행의 대중화 시대'가 도래할 것으로 보인다. 아마도 우주여행만큼 이국적이고 모험적인 여행도 없을 것이다. 일찍이 1950년대 실시된 헤이든 천문관의 외계 여행 상품 프로모션에 무려 25만 명의 신청자가 몰렸고, 1960년대 팬암 항공사의 달 여행 예약에도 9만 3000명이 몰렸다는 사실은 우주여행에 대한 사람들의 관심이 얼마나 높은지를 잘 말해준다. 우리나라에서도 몇 년 전 한 백화점에서 산 경품으로 '우주여행권'을 내건 적이 있었다.

몇 해 전 미국에서 실시한 레저 여행에 대한 국민 의식 조사에 따르면, 조사 대상의 40퍼센트가 우주여행을 위해서라면 1억 원 정도는 기꺼이 쓸 수 있다고 응답했다. 그리고 일본 로켓 학회가 실시한 조사에서는 50 대 이하 일본인의 80퍼센트가 우주여행을 희망하며, 전체 대상자의 70 퍼센트가 3개월치 월급에 해당하는 비용이라면 가겠다고 답했다고 한다. 미국과 캐나다에서 5000명을 대상으로 한 설문조사에서는 전체 응답자의 60퍼센트, 특히 20대 남성의 85퍼센트가 우주여행을 가겠다고 답했다는데, 흥미가 없다고 답한 사람들의 대부분은 안전을 그 이유로 꼽았다고 한다. 안전성 문제는 일반인들의 우주여행에서 가장 핵심적인 문제가 될 것임에 틀림없다. 따라서 아폴로 13호나 챌린저 호 폭발 사고 와 같은 불행이 되풀이되지 않도록 하는 것이 우주여행의 실효성을 가늠 하는 기준이 될 것이다.

제5원소
우주를 완성하는 다섯 번째 원소

 이 세계는 무엇으로 이루어져 있을까? 이 질문은 고대 그리스 시대에서부터 지금까지 풀리지 않는 문제로 남아 있다. 자연과학이 발달하지 못했던 고대에는 자연의 모든 것이 신비로워 보였고, 자연의 모든 현상을 신이 인간에게 전달하려는 메시지로 이해하려는 경향이 있었다. 최초로 종교적 테두리에서 벗어나, 자연 그 자체를 이해하려 했던 자연철학자들 중 하나였던 아낙시만드로스는 바빌로니아와 이집트에서 전해오던 '만물은 공기, 물, 흙으로 이루어졌다'는 3원소설에 불을 더하여 4원소설을 주장하였다. 이 생각은 후에 플라톤에게 영향을 미치게 된다.

 플라톤은 신이 처음 우주의 근원이 되는 공기, 불, 물, 흙을 만들고 이를 기초로 해서 모든 물질을 만들었다고 보았다. 그리스 철학자들은 달 아래의 세계와 달 위의 세계가 서로 다른 물질로 이루어져 있으며, 서로 다른 물리 법칙이 적용된다고 믿었다. 인간이 살고 있는 달 아래 세계는 4원소로 이루어진 불완전한 세계이지만, 달 위의 세계는 제5원소가 더해진 완전한 세계라고 생각했던 것이다. 특히 플라톤은 세계를 완전하게 만드는 제5원소는 '정12면체로 이루어진 기하학적 구성물'이라고 주장했다.

 그로부터 2000년이 지나, 제5원소에 대한 이야기가 영화로 만들어졌다. 〈레옹Leon〉과 〈그랑 블루Le Grand Bleu〉를 만들었던 프랑스 감독 뤽 베송Luc Besson은 영화 〈제5원소The Fifth Element〉에서 플라톤과는 다른 해답을 제시하고 있다.

 1914년 이집트, 두 과학자는 일식에 관한 이야기가 적혀 있는 상형문자를 해독한다. 절대악은 5000년에 한 번씩 지구를 찾아오는데, 이제부터 300년 후에 다시 찾아올 것이라는 것. 그리고 이 절대악과 맞설 수 있는 것은 만물을 이루는 4원소(공기, 불, 물, 흙)와 미지의 제5원소의 결합뿐이라는 것이다.

　300년 후 뉴욕, 전직 연방 특수요원인 택시 운전사 코벤 달라스(브루스 윌리스)와 신비의 소녀 릴루(밀라 요보비치)는 악의 실체에 맞서 지구를 구할 제5원소를 찾는다. 영화는 '제5원소는 결국 그들의 사랑'이라는 사실을 보여줌으로써 지구를 다시 안전한 행성으로 되돌려놓는다. 영화에서 뤽 베송 감독은 이 세계를 구성하고 있는 것은 4가지 원소(공기, 불, 물, 흙)지만, 거기에 '사랑'이 더해져야만 완전한 세계가 이루어진다고 말하고 싶었던 것이다.

우주 생활의 A TO Z

로스트 인 스페이스
Lost in Space

〈로스트 인 스페이스〉는 우주판 로빈슨 크루소 이야기다. 한 가족이 우주여행을 떠나면서 악당들에게 쫓기다가 길을 잃고 헤매는 과정에서 가족의 소중함을 깨닫게 된다는 내용이다. 2058년 자원이 고갈된 지구를 대신해 인류의 새로운 주거지로 지목된 알파 프라임이라는 행성으로 탐사 여행을 떠나는 로빈슨 교수와 그 가족들의 모습을 보여주며 영화는 시작된다. 그러나 지구 전복을 노리는 '지구 전복단'의 스파이인 스미스가 탐사선 주피터 2호에 침입해 시스템을 파괴하는 사건이 일어나고, 주피터 2호는 태양을 향해 돌진하는 운명에 처하게 된다. 이런 상황에서 태양열에 의해 모두 녹아버리는 것을 피하기 위해 로빈슨 가족은 주피터 2호를 광속으로 돌진시키고, 그 결과 그들은 어딘지도 모르는 우주의 시공간 속으로 빨려들어간다. 로빈슨 가족 일행은 그곳에서 거미 모양의 무서운 외계 생물을 만나 결전을 치르고, 불시착한 또 다른 별에서는 자신들의 미래 모습을 보는 등 우주 미아로서의 고달픈 생활을 하게 된다.

이 작품은 이미 1965년부터 1968년까지 미국에서 TV 시리즈로 제작되어 큰 인기를 누렸다. 30년 만에 영화로 부활한 〈로스트 인 스페이스〉는 TV 시리즈에서 사용되었던 신나는 주제 음악에서부터 영화의 첫 장면에서 선보이는 우주 전투 장면, 더 이상 인간이 살 수 없게 된 지구를 벗어나 다른 행성으로 이동하려는 인류와 이를 방해하는 집단이 등장하는 기본 설정, 악당의 음모로 인해 우주에서 미아가 되어 다양한 우주 생명체와 만나 벌이는 전투, 그리고 최첨단 무기와 로봇 등이 마치 컴퓨터 게임을 보는 듯 흥미진진하게 이어진다.

그런데 이와 같은 우주여행 과정을 담은 영화들을 보면서 늘상 느끼는 한 가지 아쉬움은 '왜 우주에서 생활하는 모습이 제대로 담겨 있지 않은가' 하는 것이다. 오랜 시간 우주에서 생활하기 위해서는 '우주'라는 특수한 공간에 맞는 특별한 의식주 해결법에 적응해야 한다. 그러면 실제로 우주왕복선이나 우주정거장에서 생활하는 사람들의 일상적인 일과를 통해 먼 우주여행에서 우리가 참아야 할 고통을 조금이나마 가늠해보자.

공기도 없고 끊임없이 쏟아지는 우주선Cosmic Ray으로 매순간 위협받는 우주 공간. 태양이 비추면 온도가 수백 도까지 올라갔다가 태양볕에서 벗어나면 다시 영하 수백 도로 떨어지는 우주 공간을 비행사들이 안전하게 돌아다닐 수 있는 이유는 바로 우주복 때문이다. 우주복의 무게는 무려 113킬로그램이나 되지만, 우주 공간에선 우주복도 둥둥 떠다니기 때문에 전혀 무겁게 느껴지지 않는다.

우주복이 무거운 이유는 많은 장치들이 부착되어 있기 때문이다. 우주복은 12개 층으로 이루어져 있는데, 안쪽으로 냉각수가 흘러 대기압의 3분의 1 정도 크기(29.6킬로파스칼)의 압력을 일정하게 유지해준다. 물론 산소 공급 장치도 들어 있다. 우주복을 입는 데 걸리는 시간은 무려 45분이나 된다. 한 번 입으면 8~10시간은 버틸 수 있다. 헬멧과 윗옷 사이에는 막대기 모양의 먹을 것과 물주머니와 연결된 빨대가 나와 있어서 배가 고프면 언제든 간단한 식사를 할 수 있다. 화장실에 가고 싶을 때는? 물론 걱정 없다. 우주 비행사들은 우주복 속에 남녀 공용 기저귀를 착용한다. 따라서 우주를 유영할 때 오줌이 마려우면 그냥 싸면 된다. 대변이라면 참아야 하겠지만.

한편 우주여행에서 균형 있는 식사를 하는 것은 매우 중요한 문제다. 식사 문제는 NASA가 지금도 우주왕복선을 운행하면서 가장 신경 쓰는 문제 중의 하나다. 행동이 자유롭지 못한 우주 공간에서는 체력 소모가

클 뿐 아니라 중력이 약한 상태에서는 뼈에서 칼슘이, 근육에서 질소가
빠져나간다. 따라서 균형 있고 영양가 있는 식단은 우주여행에서 필수적
이다. 하지만 오랜 우주여행을 위한 우주식은 부피와 질량이 작고, 발사
시에 부서지지 않으며, 신선도가 오래 유지되는 등 여러 가지 까다로운
조건을 만족시켜야 하기 때문에 결코 쉬운 일이 아니다. 초기 아폴로 호
에 실린 우주식은 '소시지 맛이 겨우 나는 고무'를 씹는 것처럼 맛이 없
었다고 한다. 때로는 음식을 치약처럼 입에 짜 넣는 식사도 해야만 했다.

그러나 경험이 쌓이면서 우주식은 점차 개선되어 요즘엔 칠면조 요리
나 고깃국도 숟가락으로 먹을 수 있게 되었다고 한다. 딸기나 바나나처
럼 수분이 많은 과일은 건조시켰다가 먹기 바로 전에 수분을 공급해 먹
는다. 주스 같은 음료수는 분말로 보존했다가 물에 타서 마신다. 요즘엔
우주왕복선에서 비프스테이크도 즐길 수 있을 정도로 다양한 음식이 마
련돼 있다. 하지만 오랜 기간 여행하기 위해서 모든 음식을 싸가지고 가
는 데는 한계가 있다. 그렇다면 가끔 영화에서 보는 것처럼 알약으로 때
워야 할지도 모르겠다.

그런데 음식보다 더 걱정되는 것은 물이다. 오랜 기간 우주에서 체류
해야 하는 우주정거장에서도 물은 매우 중요한 문제인데 필요한 물을 모
두 가져간다면 무게가 엄청날 것이다. 이 문제를 해결하기 위해 개발된
것이 특수 여과 장치다. 케빈 코스트너가 물갈퀴 달린 기형 인간으로 나
오는 〈워터월드Waterworld〉의 첫 장면을 떠올려보면 이 장치가 하는 일을 짐
작할 수 있다. 지구 온난화로 빙하가 녹는 바람에 육지가 바다로 뒤덮여
버린 미래, 뗏목을 타고 떠돌아다니는 케빈 코스트너는 식수가 부족해

우주 비행사들에게 정말로 힘든 것은
광활한 우주 속에서 찾아오는
'외로움'을 이겨내는 일일지도 모른다.

러시아 올란 우주복(Orlan Spacesuit)을 입고 있는
우주비행사 마이클 핀크(Michael Fincke)

자신의 오줌을 여과 장치에 걸러서 마신다. 오랜 우주여행에서는 이 같은 여과 장치를 사용해 깨끗한 오줌을 마셔야 할지도 모른다. 물론 여과 성능은 완벽하니 냄새 걱정은 안 해도 된다.

물 말고 술을 좋아하는 사람들이 특히 재미있어 했을 장면이 〈에일리언 4Alien: Resurrection〉에 나온다. 이 영화에는 장기 여행을 하는 우주탐사선이 등장하는데, 바로 여기에서 고체 술을 마시는 장면이 나온다. 각설탕처럼 생긴 술을 물에 넣고 레이저로 녹이면 순식간에 물은 술이 된다. 오랫동안 보존하기 위한 방편이 아닌가 싶다.

그리고 배설물 처리에 관해서는 〈아폴로 13호〉에 잘 나와 있는데, 생각보다 영화에서 멋지게 처리된 장면 중의 하나다. 화장실의 모양은 지상의 것과 크게 다르지 않다. 다만 일을 볼 때 몸이 공중에 뜨지 않게 하기 위해서 몸과 발을 고정시키는 벨트가 있다는 점과, 수세식이 아니라 공기로 밑에서 빨아들이는 방식으로 되어 있다는 점이 다르다. 배설물은 우주 공간에 노출시켜 냉각 건조시킨 다음 보관하도록 되어 있다는데, 이 영화에서는 우주로 방출한다. 톰 행크스의 오줌 방울이 우주로 뿜어져 나가는 장면이 참 근사했다. 자신의 오줌을 우주에 뿌린 후 그 방울들이 만들어내는 무지개를 보는 것도 근사한 경험이 아닐까?

일주일 정도의 일정으로 여행하는 우주왕복선에는 특별한 목욕탕이나 샤워 장치가 없다. 단지 몸을 닦을 수 있는 물수건이 몇 장 있을 뿐이다. NASA 우주 비행사인 마이크 멀레인Mike Mullane은 자신의 저서 《우주에서는 귀가 멍해지나요?Do Your Ears Pop in Space?》에서 우주여행시 가장 불편한 점이 바로 샤워를 할 수 없다는 점이라고 술회한 바 있다. 긴 우주여행을 다룬 〈로스트 인 스페이스〉나 〈스타 워즈〉에서도 샤워하는 장면은 별로 본 적이 없는 것 같은데, 아마도 한 달 이상 장기간 우주여행을 해야 한다면 샤워 장치는 반드시 갖춰져 있어야 할 것이다. 미국 스카이 랩 우주 정거장에 설치됐던 샤워 시설은 원형의 통 안에 들어가 커튼으로 완전히 가린 후 샤워기를 이용해 샤워를 할 수 있게 돼 있다. 이때 공중에서 분사된 물방울은 사방으로 흩어지거나 새어나가지 않도록 진공 장치를 이용해 빨아들인다.

우주에서는 지상에서보다 편하게 잠을 잘 수 있을 것이다. 중력이 약해서 누웠을 때 등에 가해지는 압력이 작기 때문에 편한 상태에서 잠을 청할 수 있다. 다만 침대에 고정될 수 있도록 벨트를 매야 한다거나 창가에 비치는 별들의 불빛 때문에 눈가리개를 해야 할지도 모른다.

우주에서 먹고 마시고 잠자는 일은 지상에서처럼 일상적인 일이 아니다. 그 자체가 정말 '일'인 것이다. 상쾌하게 샤워도 못 하는 등 불편한 생활을 오랫동안 감수해야 한다. 그러면서도 사람들이 우주여행을 꿈꾸고 우주를 개척하려고 노력하는 것은 인간이기에 가지는 호기심과 도전정신 때문이 아닐까 싶다. 그러나 그들에게 정말로 힘든 것은 먹고 마시고 잠자는 것이 아니라 '외로움'을 이겨내는 일일 것이다. 오랫동안 가족들과 떨어져 동료들 외에 인간의 그림자라고는 찾아볼 수 없는 광활한 우주를 여행하며 느끼는 외로움은 그 어떤 고통과도 비교할 수 없을 것 같다. 그들에게 외로움을 이기는 것은 우주의 중력을 견디는 것보다 몇십 배 무거운 짐이 될 것이다.

우주 공간은 무중력이 아니다

대부분 우주 공간에서 중력은 0이라고 알고 있지만, 사실은 그렇지 않다. 실제로는 꽤 센 중력을 가지고 있다. 만약 여러분이 지구에서 약 500킬로미터 높이에 올라간다면, 진공상태에 놓이겠지만 무중력 상태를 경험하진 않을 것이다. 단지 땅에 있을 때보다 15퍼센트 정도의 체중 감소만 느낄 수 있다.

그런데 우주비행사들은 우주선 안에서 왜 무중력 상태에 있는 걸까? 엄밀히 말하자면, 그들도 사실은 무중력 상태에 있는 것은 아니다. 우주선 안에 있는 사람들이 무중력 상태인 것처럼 보이는 이유는 우주선 안에 있는 모든 것들이 '자유 낙하' 하고 있기 때문이다. '자유 낙하' 하는 우주선 안의 사람들은 중력가속도와 같은 가속도를 받으며 운동하므로 중력이 작용하지 않는 것처럼 보인다. 그러나 사실은 지구가 그들을 아주 강하게 끌어당기고 있으며, 그래서 그 방향으로 떨어지고 있는 것이다. 그들이 우주선 생활에서 느끼는 기분은 마치 우리가 수영장에서 다이빙을 할 때나 줄이 끊어진 엘리베이터 안에서 느끼는 기분과 같을 것이다. 이러한 상태를 '무중량상태'라고 부른다.

궤도 비행을 하는 우주선이 정말 추락한다면 왜 땅바닥에 떨어지지 않는 걸까? 이는 우주선이 아래로 떨어지는 것이 아니기 때문이다. 우주선은 떨어지는 방향의 옆쪽으로 매우 빠르게 움직이면서 곡선을 그리며 떨어진다. 우주선이 빠르게 따라 움직이는 하강 곡선이 지구의 운동 곡선과 같아서 결코 떨어지지 않는 것이다. 결국 이들이 아주 빠르게 옆으로 움직이고 있기 때문에 계속해서 떨어짐을 모면하고 있는 것이다. 이러한 과정을 '궤도 선회'라고 한다.

지상에서는 혈액이 중력 때문에 아래로 흐르기 쉽지만, '무중량상태'에서는 혈액의 흐름이 방향을 잃기 쉽고, 근육의 운동도 익숙지 않아 불편을 겪게 된다. 그래서 미국이나 러시아에서는 특별히 설계된 항공기를 이용해, 몇십 초를 넘지 못하는 짧은 시간이지만 '무중량 상태'를 만들어 우주비행사들의 훈련에 이용하고 있다.

Cinema

17

화성을 제2의 지구로 건설하자

토탈 리콜
Total Recall

"NASA는 함부로 남의 땅에 손대지 마라!"

마치 화성 외계인이 지구에 보내는 메시지 같지만, 이는 지구에 있는 달나라 대사관^{Lunar Embassy}의 경고다. 지난 1997년 7월 5일 무인 우주탐사선 패스파인더 호가 8000만 킬로미터를 날아간 끝에 화성의 적도 부분인 아레스 밸리스 평원에 착륙하자, 미국에서는 우주 소유권 논쟁이 시작되었다. 화성을 탐사하려면 부지 사용료를 지불하라며 NASA에 청구서를 보낸 사람이 있었기 때문이다.

화성 부동산 투기의 전말

우주 소유권 논쟁에 불을 지핀 사람은 미국판 봉이 김선달 데니스 호프^{Dennis Hope}다. '태양계의 주인'이라고 자처하는 호프는 대동강 물이 아니라, 달을 비롯한 화성 등 모든 행성과 위성들을 뚝뚝 떼어다 헐값에 팔아넘겨 미국 언론의 주목을 한몸에 받았던 인물이다. 자신을 '헤드치즈^{Head Cheese}(달이 치즈로 만들어졌다는 미국인들의 오랜 믿음에서 유래된 것으로, '달나라의 우두머리'라는 의미로 붙인 이름이다)'라 부르는 호프는 캘리포니아 주에 있는 작은 도시 리오 비스타에 달 대사관을 차려놓고, 달과 화성의 땅을 일반인들에게 팔고 있다. 단, 화성의 땅을 매입하려는 사람들에겐 한 가지 조건이 따라붙는다. '기존의 생명체들과 마찰 없이 지내야 한다'는 것이 바로 그것이다. 화성에 미소 생명체가 존재했을지 모른다는 과학자들의 발표에 따른 것이다. 그는 화성의 땅을 구입하러 온 방문객들에게 다음번 화성 탐사 때 우주선이 내리면 통행료 청구서를 NASA로 보내는 것을 잊지 말라는 당부를 빼놓지 않는다.

믿기 어려운 것은 호프가 행성 장사를 해서 큰돈을 벌고 있다는 사실이다. 일례로 화성 판매에 들어간 지 한 달 만에 1000여 건의 매매가 성사됐는데 이는 돈으로 5억 원이 넘는 액수다. 달나라 부동산 투자 열기는 국외에서 더 뜨거웠다. 독일을 비롯해 호주, 홍콩, 스웨덴 등 12개 이상의 나라에서 고객들이 인터넷이나 우편을 통해 달나라 땅을 구입했고, 스웨덴에서만 4000여 건에 이르는 주문이 쇄도하기도 했다. 고객들의 반응도 다양했다. 어떤 고객은 외계 최초의 지하철망 개설을 제안하며 교통부 장관직을 자청했고, 스웨덴의 한 기업은 달의 무선통신 서비스 운영권을 요구하기도 했다. 호프로부터 이미 달나라 땅을 구입한 사람들 가운데는 로널드 레이건 등 전직 대통령 두 명, 영화 배우 톰 크루즈, 클린트 이스트우드, 버트 레이놀즈, 영화 〈스타 트렉〉의 출연진, 토크쇼 진행자 데이비드 레터맨 등 저명인사도 상당수에 이른다는 게 호프의 주장이다. 달나라 대사관은 앞으로 달나라 여행을 위해 여권 발급도 준비 중이라고 한다.

그러나 호프의 행성 장사에 대한 적법성 논쟁은 아직 끝나지 않았다. 호프 자신은 현재 지구의 실정법상으로 '먼저 차지한 사람이 임자' 라는 입장이다. 변호사들 사이에서도 호프의 소유권 주장이 합법적이라는 견해가 지배적이다. 우주 전문가들에 따르면, 실제 개인이 달을 비롯한 행성 소유권을 주장하는 것을 금지하는 법은 없다. 지난 1967년 체결된 '국제외계협약' 은 특정 국가가 천체 전체 소유권을 주장하는 것은 막고 있지만, 개인이 소유하는 것을 금지하는 조항은 없다. 특히 '개인이 달 소유권을 선언하는 것을 금지' 하는 별도 조약을 미국은 아직 비준하지 않은 상태다.

NASA 측은 아직까지 호프의 주장에 냉담한 반응을 보인다. 호프의 천체 소유권 주장이 법적 강제력을 가지고 있는지는 모르겠지만, 서류 하나로 달 소유권을 주장하기는 힘들 것이라고 얘기한다. 전문가들은 개인

"우리의 관심을 지구라는 작은 행성에 묶어두는 것은
인간의 영혼을 묶어두는 것과 다를 바가 없다."

이 특정 부동산에 대한 소유권을 주장하기 위해서는 최소한 한 번 정도는 현장에 모습을 드러내야 하고 어떤 식으로든 개조를 가해야 한다는 것이 상식인데, 그의 소유권 주장은 이에 크게 벗어나기 때문에 문제가 있다고 주장한다. 호프는 사실 자신의 땅이 어디에 있는지도 정확히 모르고 있지 않은가? 어쨌든 언젠가 과학자들이 달의 각종 자원을 캐내거나 다른 행성들을 여행하는 정거장으로 사용할 경우 달 소유권 논쟁은 더욱 뜨거워질 것이다.

〈스타 트렉〉을 너무 많이 봐서 그런지는 몰라도 우리에게는 먼 나라 얘기 같은 다른 행성으로의 이주가 미국인들에게는 그렇게 낯설지만은 않은 모양이다. 언젠가 미국 존스 홉킨스 대학 물리학과 박사과정 학생을 만난 적이 있는데, 그의 박사학위 연구 주제가 인간이 화성에 거주할 수 있도록 화성을 바꾸는 문제에 대한 학문적 연구라고 해서 놀랐다. 그가 학위를 받으면 어디에 취직을 하게 될지, 100년 안에 취직이 가능할지 의문이다.

영화, 다른 별의 시민들을 상상하다

폴 베호벤 감독이 만든 〈토탈 리콜〉은 화성 식민지에서 벌어지는 아널드 슈워제네거의 스펙터클한 액션이 흥미 만점인 SF 영화다. 무엇보다 꿈인지 현실인지 분간하기 어려운 복잡하고 정교한 줄거리가 감탄을 자아낸다. 영화의 배경은 과학기술이 발달한 먼 미래, 직접 여행을 가지 않고도 기억의 주입만으로 여행의 즐거움을 만끽할 수 있는 그런 세상이다. '토탈 리콜'은 기억을 주입해주는 회사의 이름. 이 영화의 원작 소설 제목도 《당신의 기억을 팝니다We Can Remember It for You Wholesale》이다. 아널드 슈워제네거가 분한 주인공 퀘이드는 토탈 리콜 사에 찾아가, 자신이 비밀 요원이 되어 '새침하지만 행실이 자유분방한 여자'와 여행을 떠나는 기억을 주문한다. 그러나 기억을 주입하려는 순간 퀘이드는 정신분열증적인 발작을 일으킨다. 토탈 리콜 사의 직원은 누군가 그의 기억을 지웠음을 알게 되고, 그가 이 회사를 방문한 기억도 모두 지운 다음 그를 회사 밖으로 내보낸다.

그런데 사건은 이제부터 시작된다. 그가 주입받으려 했던 여행 기억이 현실에서 벌어지게 된 것이다. 퀘이드는 일단의 무리에 쫓기게 되고 아내(샤론 스톤)도 자신을 죽이려고 막무가내로 덤빈다. 이 과정에서 그는 자신이 화성 식민지와 연관된 거대한 내전에 얽혀 있다는 사실을 알게 된다. 또한 화성을 지배하고 있는 독재 군부 코하겐 일당과 쿠웨이토가 이끄는 빈민 조직 간에 오랜 내전이 있었으며, 자신이 독재 군부의 비밀 요원이었다는 사실도 알게 된다. 코하겐은 자신의 이익을 위해 화성의 오염된 공기와 자외선, 방사능 속으로 많은 화성 시민들을 그대로 방치했고, 그로 인해 화성 빈민들은 돌연변이를 일으켜 흉칙한 모습으로 변해가고 있었다. 빈민 조직의 대장 쿠웨이토는 퀘이드에게 사람은 기억에 의해서가 아니라 행동에 의해 정체성이 결정된다고 말하며, 지금이라도 늦지 않았으니 자신과 화성 빈민들을 도와달라고 설득한다.

퀘이드는 코하겐 일당으로부터 탈출하여 피라미드 광산으로 향한다. 광산에 화성의 빙산을 녹일 공기 방출기가 있다는 사실을 기억해낸 그는 빈민들을 위해 화성 전체 대기권에 산소를 공급하려 했던 것이다. 이를 저지하려는 코하겐 일당과 맞서 싸운 끝에 그는 발전기를 작동시키게 되고, 화성은 순식간에 산소 대기권으로 둘러싸인다. 화성의 아름답고 푸른 하늘을 뒤로하면서 영화는 끝을 맺는다.

왜 화성인가

화성을 제2의 지구로 만들 수 있다는 주장은 오래전부터 제기되어왔다. 지구도 언젠가는 만원 버스 신세가 될 테고, 그렇다면 다른 행성에서 두 번째 삶의 터전을 가꾸어야 한다는 생각은 과학자들도 오래전부터 가지고 있었다.

그런데 왜 하필 SF 소설가들이나 과학자들은 화성을 제2의 지구로 지목했을까? 그것은 화성이 태양계 내에서 지구와 환경이 가장 유사한 행성이기 때문이다. 화성의 지름은 지구의 반 정도. 부피로 따지자면 대략 달의 8배 정도 된다. 중력은 지구의 약 40퍼센트 정도이며, 대기가 존재해서 바람과 구름이 있고, 붉은 모래 태풍이 매일 끊이지 않는다. 화성이 붉게 보이는 것도 바로 이 모래 때문이다. 뚜렷한 사계절이 있으며, 하루가 25시간, 1년이 지구의 2배인 687일이라는 점도 꽤 유사한 편이다.

한편 화성 주위에는 포보스와 데이모스라는 두 개의 위성이 있다. 따라서 화성에서 사는 사람들은 두 개의 달을 볼 수 있을 것이다. 〈스타 워즈〉에서 루크 스카이워커가 살았던 모래 행성 '타투인'은 멀리 태양이 지고 밤이 찾아오는 석양 너머로 두 개의 달이 보인다. SF 영화광들에게

경이감을 주기에 충분한 장면이었는데, 아마 행성 타투인은 화성을 모델로 하지 않았나 싶다.

그러나 무엇보다 화성이 인간에게 매력적인 이유는 화성에 물이 존재한다는 사실이다. 과학자들은 화성에 거대한 극관(화성의 두 극 부근의 얼음과 눈으로 덮여 있는 흰 부분)이 존재하며 긴 수로(물이 흘러간 자연 통로)의 흔적을 볼 수 있다는 관측 결과를 발표했다. 그렇다면 물을 전기 분해해서 산소와 수소를 만들어 에너지로 사용할 수도 있고, 대기를 조성하여 인간이 살 수 있도록 만들 수도 있다는 뜻이 된다. 미국의 천문학자 퍼시벌 로웰^{Percival Lowell}은 이 수로를 이탈리아어인 카날리^{Canali}로 표현했는데, 그것을 미국인들이 커낼^{Canal}, 즉 운하로 해석하여 '화성에는 생명체가 존재하며 인공 구조물인 운하가 발견되었다'고 발표하는 바람에 화성 생명체가 사회적인 이슈가 되기도 했다.

지구가 아닌 천체에서 물이 발견된 것은 화성이 처음이었다. 최근에는 토성의 위성 타이탄이나 목성의 위성 유로파에서도 물의 흔적이 발견되었다는 보고도 있고, 달에서도 거대한 얼음 덩어리가 발견됐다는 소식이 과학자들을 흥분시키기도 했지만, 처음의 흥분을 잊지 못해서인지 화성만큼 매력적이진 않은 것 같다. 여하튼 지구와 유사한 여러 조건을 고려해보면, 현재의 기술로 지구처럼 변화시킬 수 있는 태양계 내의 행성은 화성밖에 없다고 천체물리학자들은 말한다.

남은 숙제들

그러나 영화에서처럼 화성에서 푸른 하늘을 보기란 결코 쉽지 않다. 이는 화성의 환경을 지구처럼 바꾼다는 것을 의미하지만, 이를 위해 극복해야 할 어려움이 너무나 많다.

첫 번째 장애 요인은 너무 멀리 있다는 점을 들 수 있다. 바이킹 1·2호, 마리너 6호, 소저너(화성 탐사 로봇)를 실은 패스파인더를 비롯해서 24번의 화성 탐사가 있었지만, 아직까지 화성에 발을 딛은 사람은 없다. 영화 〈스피시즈 2$^{Species\ II}$〉의 첫 장면에서처럼 인류가 화성에 발을 딛는 날은 오랜 후로 미뤄야 할 것이다.

화성까지의 거리는 8000만 킬로미터. 초속 32.75킬로미터라는 엄청난 속도로 질주한다 해도 화성에 도착하는 데 걸리는 시간은 260일. 그것도 지구와 화성이 가장 근접했을 때인 호먼 궤도를 이용했을 때 걸리는 시간이다. 게다가 다시 호먼 궤도를 타기 위해서는 445일을 기다려야 하니 이것까지 계산에 넣으면 화성에 갔다 오려면 총 965일이 걸린다. 지금까지 우주에서 가장 오래 체류한 시간은 438일 정도다. 따라서 앞으로 그 시간을 두 배로 늘려야 화성에 갔다 올 수 있다.

영화 〈스피시즈 2〉는 화성을 탐사했던 우주 비행사로부터 지구로 옮겨온 화성 생명체가 인간들을 위협한다는 줄거리의 SF 영화다. 이 영화에는 화성과 지구 사이의 거리가 매우 멀다는 사실과 관련된 과학적인 오류가 있다. 영화에서는 화성에 도착한 우주비행선과 지구의 NASA가 서로 교신을 하는 장면이 나오는데, 이때 시간 차 없이 자연스런 대화를 주고받는다. 다시 한 번 말하지만 화성과 지구 사이의 거리는 무려 8000만 킬로미터. 빛의 속도로 가도 4분이 넘게 걸린다. 따라서 화성의 우주

비행사와 통화를 하려면 아무리 빨라도 왕복 8분의 시간 차가 날 수밖에 없다. 실제로 영화 속에 나오는 대화를 모두 주고받기 위해서는 영화 상영 시간 내내 교신을 해야 한다.

그럼에도 182일 만에 화성에 도착한다는 영화 속 설정, 대기권이 전혀 존재하지 않는다고 설정되어 있으면서 깃발이 펄럭이고, 중력이 있음에도 깃발이 아래로 늘어지지 않는 등 감독이 화성에 대해 제대로 이해하지 못한 흔적이 여기저기서 발견된다.

두 번째 장애 요인은 화성이 너무 춥다는 사실이다. 화성의 평균 기온은 영하 63℃. 지구와 태양 사이의 거리가 1억 5000만 킬로미터인 데 비해, 화성은 태양과 2억 3000만 킬로미터나 떨어져 있기 때문이다. 에스키모인들이 살고 있는 북극의 평균 기온인 영하 40℃만큼만 화성의 기온을 높여도 사람이 생활할 수 있을 것이다(온실 효과를 만들어내는 데 일가견이 있는 기업가들이나 과학자들을 대거 화성으로 보내면 어떨까?).

화성 대기의 구성이 지구와 다르다는 사실 또한 중요한 장애 요인이 된다. 이산화탄소가 95퍼센트를 차지하는 화성에서 〈토탈 리콜〉에서처럼 푸른 하늘을 보기 위해서는 인공적으로 대기권을 만들어야 한다. 화성의 중력이 지구보다 작아 문제가 있긴 하지만, 물이 존재하기 때문에 인간이 불편 없이 생활할 수 있도록 산소를 만드는 일은 그리 어렵지 않다. 그런데 농작물이 자라나는 데 필수인 질소가 2.7퍼센트에 지나지 않는다는 것이 문제다. 그렇다고 지구에서 운반하기에는 경비가 너무 많이 든다. 어떤 과학자들은 화성에서 질소를 만드는 일이 제2의 지구를 만드는 데 관건이 될 것으로 보기도 한다.

화성을 제2의 지구로 개척하는 데 어느 정도 시간이 걸릴지는 아무도 모른다. 100년이라는 주장에서부터 10만 년이라는 비관론까지 과학자들의 주장은 다양하다. 그러나 누가 개척을 하든 투자 비용의 1000배 정도 수익을 창출할 것임엔 틀림이 없다고 과학자들은 입을 모은다. 화성과 목성 사이에 있는 소행성대에 펼쳐진 희귀 금속이나 유용한 물질들만 캐내도 투자한 돈은 뽑을 수 있다는 것이다. 그러나 수천 년 후에나 이익을 볼 장사에 누가 투자를 하겠는가?

스티븐 호킹은 "우리의 관심을 지구라는 작은 행성에 묶어두는 것은 인간의 영혼을 묶어두는 것과 다를 바 없다"라고 했다. 100년 전 사람들이 달에 사람의 발자국을 남기리라고 상상할 수 없었던 것처럼, 언젠가 화성에서 지구에 대한 얘기를 주고받을 날이 올지도 모른다.

코어
지구 외핵으로 여행하기?

영화 제작자이자 각본가인 쿠퍼 레인^{Cooper Layne}은 하와이를 방문했을 때 화산에서 마그마가 분출돼 바다로 흘러 들어가는 장관을 보고 한 편의 영화를 떠올렸다. '만일 배를 타고 화산 속으로 들어간다면 지구 한가운데까지도 들어갈 수 있지 않을까?' 영화 〈코어^{The Core}〉는 이렇게 해서 탄생하게 되었다.

미 정부는 인공지진으로 적을 공격하는 비밀 병기, DESTINY를 개발한다. 그로 인해 지구의 핵, 코어^{core}는 갑자기 자전을 멈추고, 지구 자기장 즉 '지자기'가 사라지면서 갖가지 기상 이변이 속출한다. 수천 마리 비둘기 떼가 방향을 잃고 벽이나 차창에 부딪혀 피투성이가 돼 떨어진다. 심장박동기를 단 사람들은 갑자기 기계가 이상을 일으켜 죽고 만다. 차량의 전자장치는 모두 먹통이 되고 시내는 이내 아수라장이 된다. 미 정부는 지구 외핵의 자전을 다시 일으켜 지자기를 재발생시켜야 한다고 결론 내리고, 6명의 전문가 팀을 지구 내부로 내려보낸다.

〈코어〉는 인간이 외핵까지 들어간다는 설정은 좀 황당하기까지 하지만, 과학적으로 꽤 그럴듯한 장면도 있어 과학자들도 관심 있게 지켜본 영화 중 하나다. 실제로 영화에서처럼 외핵의 자전이 멈추면 지구 자기장이 사라질 수 있다. 과학자들은 지자기가 지구 외핵에 존재하는 철과 니켈로 이루어진 유체가 대류를 하면서 유도자기장을 만들어내 생성된 것으로 추정하고 있다. 그러나 영화 같은 설정에 너무 겁낼 필요는 없다. 설령 외핵의 자전이 갑자기 멈춘다 해도 생성된 자기장이 소멸하는 데는 수천 년 이상 걸리니까!

지자기가 사라지면 영화에서처럼 끔찍한 일들이 벌어질까? 비둘기 떼가 방향을 잃고 아무데나 부딪혀 죽는다는 설정은 좀 과장된 부분이 있긴 하지만, 꽤 그럴듯한 얘기다. 비둘기의 머리뼈와 뇌 경막 사이에는 자성을 띤 물질이 존재하는데, 이곳이 지자기를 인지해 방향을 결정하는 것으로 알려져 있다.

먼 거리를 이동하는 생물들도 지자기로 방향을 찾아간다는 연구 결과가 있다. 2001년 11월 〈네이처〉에 실린 연구 논문에 따르면, 지빠귀 나이팅게일이라는 철새도 생체에 있는 자기장 센서를 이용해 스웨덴에서 출발, 2000킬로미터를 지나 아프리카 중남부까지 날아갈 수 있다고 한다.

그러나 뭐니 뭐니 해도 지구 자기장이 사라진다면 가장 큰 피해는 태양으로부터 나온 고에너지 입자에 생명체들이 노출된다는 사실이다. 지구 자기력선은 고에너지 입자가 지구 표면으로 들어오지 못하고 극지방으로 이동하도록 만드는데, 만일 고에너지 입자가 생체 피부에 그내로 노출된다면 염색체 이상을 일으켜 암을 비롯한 갖가지 질병을 유발할 가능성이 높다.

영화 〈코어〉가 현실이 된다면, 우리는 속수무책일 수밖에 없다. 지구 외핵의 깊이는 무려 1200~3500킬로미터 사이. 지금까지 인간이 가장 깊게 들어간 깊이는 겨우 12킬로미터. 설령 들어가서 폭탄을 터뜨린다고 해도, 외핵의 대류가 원래대로 돌아온다는 보장은 없다. 이런 끔찍한 비극을 막는 유일한 길은 '인공지진으로 적을 공격하는 비밀 병기'를 처음부터 개발하지 않는 일이다.

Cinema
18

UFO, 외계인과의 조우를 꿈꾸며

E.T.

과연 UFO는 실제로 존재하는 것일까? 만약 존재한다면 그 정체는 무엇일까? UFO에 대한 사람들의 생각은 참으로 다양하다. 어떤 사람들은 UFO를 집단 무의식에 의해 인류가 공시적·통시적으로 공유하는 원형으로 간주하기도 하고, 또 어떤 이들은 패전한 독일의 나치 잔당 혹은 다른 강대국들이 군사적인 목적으로 만들어낸 비밀 병기라고 주장하기도 한다. — 확인되지 않은 비행물체 앞에서 우리의 상상력은 얼마나 자유로운가!— 그리고 아예 UFO의 존재를 믿지 않는 사람들도 많다. 또 레이더나 카메라에 물리적으로 포착된 UFO는 그 운행이 현대 과학으로는 도저히 설명될 수 없기 때문에, UFO가 만약 존재한다면 우리보다 지적인 외계 생명체에 의한 것이라고 추정하기도 한다. 더구나 UFO에서 내려온 외계인들과 접촉했다는 사례가 많이 보고되고 있으며, 빌리 마이어Edward Billy Meier나 조지 아담스키George Adamski는 여러 차례 그들과 만나서 텔레파시로 대화를 나누었다고 주장하기도 했다.

스크린 위의 UFO

UFO는 그 존재 자체가 매우 흥미로운 것이어서 SF 영화에 자주 등장하는데, 영화는 좀 더 사실적인 내용과 화면을 위해 실제로 UFO를 목격한 사람들의 체험담이나 에피소드를 인용하고 참조하는 경우가 많다. 스티븐 스필버그가 '꿈의 프로젝트'라고 할 만큼 심혈을 기울여 만든 〈미지와의 조우Close Encounters of the Third Kind〉는 수많은 UFO 목격 사례와 의혹을 모아놓은 영화인데, UFO를 다룬 영화로는 가장 돋보이는 작품이다. 영화는 UFO와 실제로 접촉하게 되는 두 가정의 이야기를 전 세계적으로 벌어지는 UFO 소동과 함께 흥미롭게 담고 있다. 이 영화의 원제목을 그대로 옮기면 '제3종 근접 조우'인데 이는 UFO를 가까이 조우할 때 그 내부나 바깥에서 외계인의 모습을 보게 되는 경우를 말한다. 영화의 마지막, 인간들과 외계인이 서로 빛과 음악을 통해 대화를 나누고 서로의 존재를 확인하는 '근접 조우' 장면은 단연 압권이라고 할 수 있다. 스티븐 스필버그는 이 영화에서 인간과 외계인이 각기 다른 환경에서 발생하여 진화해왔지만 음악이라는 보편의 언어를 통해 서로 이해할 수 있다는 가능성을 제시했다. 또한 그 5년 후에 만든 영화 〈E.T.〉에서는 그들이 이제는 이해의 차원을 넘어, 어린아이의 순수한 마음으로 서로를 사랑할 수 있음을 보여주었다.

미스터리에 상식적으로 접근하기

이 영화에는 실제로 UFO와 접촉했다고 주장하는 사람들의 체험담을 바탕으로 UFO가 근접할 때의 상황이 자세히 묘사되어 있다. UFO가 접근하면 차의 엔진과 라이트가 꺼진다거나, 정전이 되기도 하고, 피부가 검게 타며, 강한 섬광도 나타난다. UFO 연구가인 제임스 매캠벨James McCampbell 은 그의 저서 《유폴로지Ufology》에서 이러한 현상은 UFO로부터 방사되는 전자기파 때문이라고 설명한다.

UFO가 전자기파를 방사한다고 생각하는 이유는 UFO의 기묘한 운행과 관계가 있다. 〈미지와의 조우〉에서도 여러 차례 보이듯 UFO는 엄청나게 빠른 속도로 움직이고 직각으로 회전을 한다. 그러나 질량을 가진 물체는 운동 중에 방향을 바꾼다거나 속도를 줄이면 그 물체의 질량에 비례하는 관성력이 작용하여—우리가 방향을 바꾸는 버스 안에서 경험하듯—처음 움직이던 방향으로 계속 움직이려 한다. 특히 방향을 바꾸면 이러한 관성이 원심력으로 작용하고 또 구심력을 이끌어내서 두 힘이 외계인들은 어쩌면 이미 우리 가까이에 있는지도 모른다.

평형이 되도록 적당한 반지름의 커브를 그리며 회전하게 된다. 따라서 UFO가 커브를 그리지 않고 직각 회전을 한다는 것은 무한대의 가속도를 갖거나 관성질량이 거의 없다는 의미가 된다.

또 비행기가 공기 중에서 초속 340미터 이상의 속력으로 진행하면 비행기 앞부분에 존재하는 공기 분자가 빠져나갈 사이가 없어 계속 누적되어 충격파sonic boom를 내게 되는데 심할 경우 빌딩의 유리창이 깨지는 경우도 있다. 그런데 UFO 목격자의 진술에 의하면 UFO는 아주 낮게 빠른 속도로 비행하면서도 어떠한 충격음도 내지 않는다고 한다. 이것은 UFO의 앞부분에 공기 분자가 쌓이지 않는다는 것인데, 그렇다면 UFO의 작용에 대한 공기 분자의 반작용이 없다는 것일까? 아무것도 분사하지 않고 엄청나게 빠른 속도로 질주하고 직각으로 회전할 수 있는 UFO의 추진력은 어디에 기인한 것일까? 그들은 인공중력이나 반중력을 이용하고 있는 것일까?

이에 대해 과학자들은 전자기파의 제어를 통해 가능하다고 추정한다. 전자기파를 통해 주변 공기의 흐름을 바꾸고 저항력을 크게 줄일 수 있다고 조심스럽게 예측하는 것이다.

UFO, 인간의 심리를 담다

영화는 UFO의 물리적인 측면뿐만 아니라 UFO에 대한 우리들의 심리 또한 투영하고 있다. 영화 〈코쿤Cocoon〉은 1000년 전 지구를 방문했던 외계인들이 고치cocoon 형태의 생명 유지관 속에 넣어 바다에 남겨두었던 동료를 구하기 위해 다시 지구를 찾게 되고, 그때 그들의 몸에서 발산된 빛으로 그곳에 요양 온 노인들이 젊음을 회복하고 삶의 의미를 찾게 되는 이야기가 재미있게 전개된다. 또 〈8번가의 기적Batteries Not Included〉은 철거 위기에 놓인 가난한 사람들에게 지능을 가진 금속 생물체인 비행접시가 나타나 희망과 삶의 의지를 준다는 내용인데, 이렇게 〈코쿤〉과 〈8번가의 기적〉은 UFO를 지구를 구원하기 위해 내려온 메시아로 여기는 인간의 종교적 바람들을 형상화한 영화라고도 할 수 있다.

반면 외계인에 대한 공포가 잘 드러난 영화로 돈 시겔Don Siegel 감독이 만든 〈신체 강탈자의 침입Invasion of the Body Snatchers〉이 있다. 미지의 행성에서 날아온 외계 생명체가 잠든 사람의 몸에 몰래 침입하여 복제 인간을 만들어낸다. 누가 인간이고 누가 외계인인지 겉으로는 전혀 구별할 수 없는 상황이 벌어지면서 공포는 극에 달한다. 영화는 인간을 이데올로기라는 이름으로 획일화하여 비인간적으로 만드는 사회주의자나 매카시스트를 외계인에 빗댄 것으로서 그 시대의 정치 상황을 반영한, 영화저으로도 아주 훌륭한 SF 걸작으로 손꼽힌다. 이 영화의 리메이크 판인 아벨 페라라Abel Ferrara의 〈바디 에일리언Body snatchers〉 역시 원작의 감동을 고스란히 담고 있어 수작으로 평가받고 있다. 〈신체 강탈자의 침입〉을 비롯한 외계인과의 투쟁 영화들은 외계 이방인에 대한 불안과 공포의 심리가 피해의식으로 드러난 것이라 할 수 있다.

그런데 지적인 외계 생명체는 과연 존재할까? 사실 이 점에 대해선 아직도 논란이 끊이질 않고 있다. 아이작 아시모프Isaac Asimov는 환경에 따라 그 환경에 맞게 신진대사를 하는 생명체가 얼마든지 있을 수 있다고 제안하였다. 또 칼 세이건은 그의 저서 《코스모스》에서 적당한 환경에서 발생한 지적 생명체가 우리와 통신할 확률을 실제로 계산하였는데, 그의 계산에 의하면 1조 개의 행성 중 약 10개 정도는 문명 세계를 만들어 살아갈 수도 있다고 한다. 그러나 이러한 확률은 너무나 작은 것이어서 어쩌면 우리의 존재만으로 만족해야 할지도 모른다.

세계적인 천체물리학자 스티븐 호킹은 일본에서 가진 강연 '우주에도 생명이 존재하는가Life in the Universe'에서 지구 외의 행성에도 생명이 존재하는가에 대한 깊은 신념을 밝힌 바 있다. 그는 UFO가 우주로부터 온 생명체를 싣고 있다고 믿지 않으며, 외계인의 방문은 그보다 훨씬 분명한 형태로 이루어질 것이라고 말한다. 또 지적인 생명체가 나타날 확률에 대해 조심스럽지만 긍정적으로 예견하면서, 지적 생명의 다른 형태가 다른 우주에도 존재하고 있지만 우리들이 그것을 발견하지 못하고 있는 것이라고 피력한다.

그의 견해대로 어쩌면 외계에 우리와 같은 생명체가 살고 있을지도 모른다. 또 그들이 UFO를 보내어 지구를 탐색하고 있을지도 모른다. 만약 그렇다면 〈신체 강탈자의 침입〉이나 〈뱀파이어Lifeforce〉의 시나리오가 아닌, 〈미지와의 조우〉나 〈E.T.〉에서처럼 상대의 존재를 통해 자신의 존재 의미를 되새겨 공존의 아름다움을 이해하는 시나리오가 현실이기를 진심으로 바란다.

Cinema
19

시간 여행자를 위한 매뉴얼

스피어
Sphere

우리의 마음속에는 무엇이 살고 있을까? 우리가 마음먹은 모든 일들이 현실에서 이루어진다면 세상은 과연 어떤 모습일까? 〈이벤트 호라이즌Event Horizon〉과 안드레이 타르콥스키Andrey Tarkovsky의 〈잠입자Stalker〉, 〈솔라리스Solaris〉에서와 마찬가지로, 영화 〈스피어〉의 주인공들은 미지의 심연 한가운데에서 자신들 내면의 어두운 세계를 엿보게 된다.

영화는 태평양 한가운데를 가로지르는 헬리콥터에서 시작된다. 수심 수백 미터 아래에서 미확인 물체가 발견된다. 태평양 해저 깊숙한 곳에 외계에서 온 것처럼 보이는 우주선이 발견되자 정부는 각 분야의 전문가들로 구성된 탐사 팀을 구성한다. 정부로부터 급하게 호출을 받고 달려 나온 심리학 박사인 노먼 굿맨(더스틴 호프만)은 그곳에서 과거 연인이었던 생화학자 베스 헬퍼린(샤론 스톤)과 수학자인 해리 애덤스(새뮤얼 L. 잭슨), 천체물리학자인 테드(리브 슈라이버)를 만나게 된다.

탐사 팀은 NASA 소속의 비밀요원 반즈(피터 코요테)의 지휘 아래 미확인 우주선의 정체를 파악하기 위해 해저 300미터에 있는 해군기지로 내려간다. 산호초 사이에 자리 잡은 우주선이 침몰한 시기는 17세기. 무려 300여 년 동안 아무도 없는 심해에 가라앉아 있었던 것이다. 일행은 첨단 내부 시설을 갖추고 있는 우주선이 외계가 아닌 미래에서 왔다는 사실을 알게 되고, 우주선 내부에서 정체를 알 수 없는 커다란 둥근 물체, 즉 금빛을 발하는 스피어를 발견하게 된다. 그러나 스피어 발견 이후 탐사 팀은 수면에 있는 해군 본부와 연락이 끊긴 채 해저에 고립되고 만다. 이때 갑자기 의문의 생물체들이 나타나 탐사원들의 생명을 위협하는 등 원인을 알 수 없는 사건들이 발생한다. 300년간 외로움과 배고픔을 참아 왔던 무언가가 그들의 목숨을 노리고 있는 것이다.

마침내 그들은 스피어가 잠재의식 속에 존재하는 공포와 두려움을 읽고 이를 현실로 나타나게 하는 능력을 가지고 있음을 알아낸다. 이제 남은 사람들은 누구의 공포가 현실로 나타날지 서로 의심하며 감시하게 되고, 스피어의 영향력으로부터 벗어나기 위해 필사의 탈출을 시도한다.

마이클 크라이튼의 원작 소설을 각색한 이 영화에서 스피어를 싣고 날아온 우주선은 미래로부터 온 것으로 설정되어 있다. 영화에서 블랙홀을 통한 시간 여행은 '스피어'의 존재를 뒷받침해주는 중요한 역할을 한다. 현재의 과학기술로 마음을 읽고 그것을 현실로 만들어주는 기계를 만드는 것은 불가능하다. 또 외계인들이 인간의 마음을 읽는 기계를 만든다는 것도 그럴듯한 설정은 아니다. 따라서 과학이 발달한 먼 미래에서 날아왔다는 설정이 꽤 그럴듯해 보인다.

시간 여행, 못 갈 것도 없다

관객들에게 시간 여행은 얼마나 익숙한 SF 영화의 소재인가? 허버트 조지 웰스의 《타임머신Time Machine》이나, 〈터미네이터〉, 〈백 투 더 퓨처Back to the Future〉, 〈타임캅Timecop〉에 이르기까지 시간 여행은 소설과 영화 속에서 오랫동안 우리의 상상력을 자극해왔나. 그렇다면 영화 〈스피어〉의 기본 설정인 우주선의 시간 여행은 과연 가능할까? 이 문제에 대해 꼼꼼히 따져보도록 하자.

우선 미래로의 시간 여행은 이론상으로 가능하다. 아인슈타인의 상대성이론에 따르면, 광속에 가까운 속도로 비행하는 우주선 안에서 시간은 천천히 흐른다. 쌍둥이 형제 중에서 형이 광속에 가까운 속도로 우주여행을 하고 돌아오면 지구에 남아 있는 동생보다 나이를 적게 먹는다는 얘기다. 예를 들면, 광속의 60퍼센트로 여행한 형은 지구에서 10년이 흐를 때 여덟 살만 먹게 된다. 광속에 가깝게 비행할수록 형이 동생보다 더 어려지는 것이다. 이것을 '쌍둥이 패러독스Twin Paradox'라고 하는데, 이를 이용하면 먼 미래로 훌쩍 뛰어넘을 수 있게 된다.

영화 〈데몰리션 맨〉에서처럼 '냉동 인간'이 되어 원하는 미래에 깨어나는 방법도 있다. 정교하게 만들어진 급속 냉동기를 통해 냉동 수면 상태에 들어가면 시간이 흘러도 늙지 않게 된다. 그러나 어떤 경우에도 자신의 미래 모습을 본다거나 미래에 일어날 사건을 미리 경험하지는 못한다. 단지 수명의 한계 때문에 살 수 없는 미래를 경험할 수 있게 되는 것뿐이다.

과거로의 여행은 현재의 과학으로는 불가능하다고 물리학자들은 말한다. 과거로 여행하기 위해서는 우주선이 광속보다 빠른 속도로 운행해야 한다. 광속보다 빨리 진행하는 입자를 '타키온'이라고 부른다. 이 입자는 '허수'—제곱을 하면 음수가 되는 수—의 질량을 가지고, 에너지를 잃을수록 속도가 빨라지는 희한한 성질을 가진다. 과학자들은 아직도 타키온을 찾기 위해 노력하고 있으나, 아인슈타인은 특수상대성이론에서 어떠한 물체도 광속보다 빨리 진행할 수는 없다고 단언한 바 있다.

학계에서 인정받은 시간 여행 이론, 웜홀

마지막으로 웜홀을 통한 시간 여행을 살펴보자. 1988년 6월 캘리포니아 공과대학의 저명한 물리학자 킵 손Kip Thorne, 마이클 모리스Michael Morris 그리고 미시간 대학의 울비 유트세버Ulvi Yurtsever는 타임머신에 대해 최초로 진지한 제안을 했다.

그들의 연구는 시간 여행을 다룬 논문 중에서는 처음으로 가장 권위 있는 물리학 저널인 〈피지컬 리뷰 레터스〉의 편집자들로부터 진지하게 고려해볼 가치가 있다는 인정을 받게 된다. 지난 수십 년에 걸쳐 많은 과학자들이 타임머신에 대한 제안을 주요 학술지에 제출하였으나, 모두 견고한 물리적 원리나 아인슈타인 방정식에 기초하지 않은 사이비 이론들뿐이었기 때문에 한 편도 저널에는 실리지 못했다.

그들은 우선 타임머신에 대한 과학계의 회의적인 생각을 극복하기 위해 웜홀을 타임머신으로 이용하는 방법을 제안했다. 웜홀이란 한마디로 우주의 지름길이라고 할 수 있다. 땅만 보며 기어가는 지렁이는 2차원 종이를 가로질러 가려면 오랜 시간이 걸리지만, 종이를 접으면 단번에 종이 끝에 닿을 수 있다. 3차원 공간도 이와 마찬가지로 구부리고 구멍을 만들어 통로로 연결할 수 있을 것이다. 쉽게 상상할 수는 없겠지만. 이러한 통로를 마치 개미들이 지나다니는 벌레 구멍 같다고 해서 웜홀이라고 부른다.

웜홀이라는 개념이 처음 등장하게 된 것은 '블랙홀의 해'로부터다. 즉 아인슈타인 방정식(공간의 휨과 질량과의 관계를 다룬 방정식으로 물질 혹은 공간의 상태를 기술하는 기본적인 공식이다)을 풀면 특정한 조건에서 블랙홀이 그 해가 될 수 있다. 그러나 블랙홀에서는 시간이 한 방향으로만 흐르는 데 반해 시간이 역전할 수 있다는 조건을 도입하면 새로운 해가 등장한다. 이 해를 발견자의 이름을 따서 '아인슈타인-로젠의 다리'라 불렀다.

블랙홀이 안정된 해인 데 반해 아인슈타인-로젠의 다리는 아주 불안정한 것이었다. 이 해는 순식간에 생겼다가 곧바로 사라져버리기 때문에 존재한다고 해도 별다른 의미를 갖지 못한다고 여겨져 큰 관심을 끌지 못했다. 그 후 20여 년 동안 묵은 채로 있던 이 해는 1950년대 후반 미국의 저명한 물리학자 휠러[J. A. Wheeler]가 웜홀로 바꿔 부르면서 '시공간의 거품'의 형태로 다시 도입되었다.

웜홀 이론이 부닥친 한계들

고전적인 웜홀에 대한 재도입은 1988년 칼 세이건이 소설 《콘택트》를 쓰던 중, 킵 손 교수에게 웜홀을 통하여 과연 초광속 우주여행이 가능하겠냐는 질문을 담은 편지를 보내면서부터였다. 이때부터 킵 손 교수는 불안정한 웜홀의 이용에 관심을 갖게 되고 어떻게 하면 불안정한 웜홀을 안정되게 만들 수 있으며, 또 양쪽 방향으로 여행이 가능하도록 만들 수 있는지에 초점을 맞추어 통과가 가능한 웜홀에 대한 연구를 시작했다. 그 결과 그는 안정된 웜홀 모형으로 출발하여, 이것이 아인슈타인 방정식을 만족하도록 할 때 웜홀을 구성하는 물질들에 대한 제한 조건들이 무엇인지를 알아냈다. 이때의 조건들은 물질이 아닌 다른 특이한 형태로 존재해, 보통 우리가 알고 있는 물질이 만족하는 에너지 조건들을 모두 위반한다. 따라서 근본적으로는 통과가 가능한 안정된 웜홀이 있을 수는 없다고 말할 수 있다. 그러나 과학자들은 양자장론적인 상황에서 이러한 구조가 발견될 확률이 존재하기 때문에, 아직은 웜홀의 존재에 대한 가능성을 열어두고 있는 상태다.

킵 손 교수와 그의 동료들이 논문에서 제시한 시간 여행 시나리오는 다음과 같다. 웜홀의 한쪽 입구를 빠르게 움직이면, 바로 특수상대론적인 시간 지연 현상Time Dilation이 반대쪽 입구에서 일어난다. 웜홀의 한쪽 입구의 고유 시간과 시간 지연 현상이 있는 다른 입구에서의 시간의 흐름이 서로 달라지는 것이다. 따라서 한쪽 입구에서 출발하여 시간 지연 현상이 일어난 입구 쪽으로 여행을 하고, 웜홀의 목을 통하여 처음 출발했던 입구로 다시 나오면 출발할 당시보다 과거인 때로 오게 된다. 하지만 아인슈타인이 지적했듯이, 블랙홀의 중심과 웜홀의 입구에서는 중력이 너무 커서 어떤 우주선이라도 산산조각이 나버리고 말 것이다. 따라서 웜홀은 수학적으로는 가능할지 몰라도 실제적으로는 무용지물이다.

그리고 무엇보다도 중요한 것은 웜홀을 통해 과거로 여행을 한다 해도 과거를 볼 수는 있지만, 과거의 사건에 개입하는 것은 불가능하다는 점이다. 원인은 결과에 반드시 선행한다는 자연의 인과율을 거역할 수 없기 때문이다. 다시 말해서 옛날 뉴스를 보는 것은 가능하지만, 그 뉴스를 다시 만드는 것은 불가능하다는 것이다.

어떤 과학자는 과거로의 시간 여행이 불가능하다는 것을 다음과 같은 재미있는 이야기로 증명하고 있다. "만약 먼 미래에 과학이 발달해서 타임머신을 만들 수 있다고 가정해보자. 그러면 그는 과거로 여행을 떠날 것이다. 그러나 우리는 아직까지 미래에서 온 방문자를 한 번도 만난 적이 없다. 역사에도 그런 기록은 전혀 없다. 따라서 먼 미래에도 타임머신은 개발되지 않았다는 결론이 나온다." 어떤 기계로도 '지우고 싶은 과거'를 되돌릴 방법은 없다는 얘기다.

순간 이동 장치는 실현 가능할까

더 플라이
The Fly

  힘들게 움직이지 않고도 원하는 장소로 순식간에 이동할 수 있다면 얼마나 좋을까? 세계 어디든 하루면 도착할 수 있는 시대이지만, 인간의 욕심은 끝이 없다. 〈스타 트렉〉이나 〈더 플라이〉 같은 SF 영화에나 나올 법한 순간 이동 장치Teleportation Machine. 그러나 과학자들 중에는 여름 한낮에 꾸는 꿈을 현실로 만들기 위해 노력하는 사람들도 있다.

1997년 12월 영국의 저명한 과학 잡지 〈네이처〉에는 많은 사람들을 놀라게 만든 논문 한 편이 실렸다. 오스트리아 인스브루크 대학교의 실험물리학자 6명이 광자를 순간 이동시키는 데 성공했다는 내용이었다. 빛은 입자적인 성질과 파동적인 성질을 모두 가지고 있는데, 미시 세계에서는 '광자'라는 입자 형태로 존재한다. 바로 이 광자를 순간적으로 이동시키는 데 성공했다는 것이다. 이들이 설계한 장치는 양자물리학적 법칙을 따르는 광자에 한정된 것이지만, 많은 사람들은 SF 영화 속 이야기가 불가능한 것만은 아니라는 사실에 흥분했다.

영화가 상상한 순간 이동 장치

〈더 플라이〉에서 주인공 과학자는 순간 이동 장치를 개발한다. 그가 개발한 순간 이동 장치의 원리는 이렇다. 우선 물체(혹은 인간)를 이루고 있는 원자들에 관한 정보를 모두 저장한 후, 초고속으로 원하는 상소까지 전송한다. 정보는 물질과는 달리 빠른 속도로 전송이 가능하다. 그러나 정보만으로 물질을 다시 복원할 수는 없으므로 물체도 원자 단위로 잘게 쪼개서 함께 전송해야만 한다. 이렇게 전송된 정보와 원자 단위의 재료를 이용해서 순식간에 원래 물체를 재구성하면 순간 이동에 성공하게 된다. 그러나 이 장치를 시험해보기 위해 주인공 과학자가 장치 안으로 들어가는데, 우연히 파리 한 마리가 장치 속으로 함께 들어가는 바람에 파리와 주인공 과학자가 혼합되어 파리 인간이 나오게 된다.

영화 〈스타 트렉〉에서도 순간 이동 장치는 중요한 역할을 한다. 진 로든베리Gene Roddenberry에 의해 탄생된 이 SF는 30년 가까이 TV 시리즈로 방영되며 폭발적인 인기를 누려왔고, 여러 차례 영화화되었다. 주인공들이 엔터프라이즈 호를 타고 우주를 여행하면서 다양한 외계 문명을 접하면서 겪게 되는 모험들이 주된 내용이다. 이 영화에서 순간 이동 장치는 우주선 안의 승무원을 외딴 행성의 표면으로 순식간에 보내주는 장치로 나온다.

진 로든베리가 디자인한 엔터프라이즈 호는 매우 아름답지만 한 가지 문제점이 있었다. 그것은 엔터프라이즈 호가 우주 공간을 비행할 때는 부드럽게 미끄러져 날아갈 수 있지만, 땅에 착륙하면 마치 뒤뚱거리는 펭귄처럼 자유롭게 이동할 수 없다는 점이었다. 게다가 빈약한 제작비 때문에 이 거대한 우주선이 행성의 표면에 착륙하는 장면을 매주 시청자에게 보여주기 힘들었다. 그래서 우주선이 착륙하지 않고 승무원을 행성의 표면으로 이동시키기 위해 생각해낸 장치가 바로 순간 이동 장치라고 한다.

상상은 현실이 될 수 있을까

그렇다면 과연 순간 이동은 가능한 것일까? 광자 형태의 빛에 대한 순간 이동은 실험적으로는 성공했지만, 영화에 등장하는 것처럼 사람까지도 순간적으로 이동시킬 수 있는 장치를 개발하는 데는 많은 문제점들이 있다. 순간 이동 장치의 과학적인 문제점들을 날카롭게 지적한 책이 있다. 1995년 저명한 물리학자인 로렌스 크라우스Lawrence M. Krauss가 쓴

《스타 트렉의 물리학The Physics of Star Trek》이 그것이다. 흥미로우면서도 명료하게 써내려간 이 책은 뉴트리노를 전공한 이론물리학자다운 해박한 지식과, 〈스타 트렉〉에 대한 따뜻한 애정으로 순간 이동 장치의 과학적인 오류와 실현 불가능성을 날카롭게 지적하고 있다.

우선 인간의 몸을 이루고 있는 원자들에 담긴 정보를 저장하기 위해서는 어느 정도의 메모리가 필요할까? 인간의 몸은 대략 10^{28}개의 원자로 이루어져 있다. 먼저 개별 원자들의 위치를 알기 위해서는 각각 세 개의 좌표 값이 필요하다. 또 전자들이 점유하고 있는 에너지준위, 원자들 사이의 결합 강도, 분자의 진동 상태 등도 알아야 할 것이다. 이 모든 정보를 저장하는 데 대략 원자 한 개당 1Kb가 필요하다고 가정하자. 그렇다면 한 사람의 정보량은 약 10^{28}Kb에 달한다. 지구상에 있는 책을 모두 모은 정보량이 10^{12}Kb 정도라고 하니, 단 한 사람에 대한 정보를 저장하는 데에도 엄청난 메모리가 필요한 것이다. 만약 한 사람의 몸에 있는 정보를 높이 3.5센티미터의 10Gb 하드디스크에 분산 저장하여 연결한다면, 전체 높이는 우리가 살고 있는 은하계의 폭, 즉 3500광년에 달하게 된다.

더욱이 저장하는 데 성공한다고 해도, 그 정보를 전송하는 일 또한 만만치 않다. 1초에 100Mb의 디지털 정보를 전달하는 속도로는 한 사람의 정보를 전송하는 데 우주 나이의 무려 2000배에 달하는 시간이 걸린다는 계산이 나온다(우주의 나이는 약 100억 살로 추정된다).

또한 인간의 몸을 이루고 있던 원자들을 분해한 후 어떻게 전송할 것인가 하는 문제도 있다. 물질을 원자 단위로 해체시키려면 원자 간의 결합 에너지를 끊어줄 만큼 엄청난 에너지가 필요하다. 또 원자들을 거의

한 사람을 순간이동 시키기 위해서는
우주 나이의 2000배에 달하는 시간이 걸린다.

광속에 가까운 속도로 전송하기 위해서는 다시 막대한 에너지가 소모된다. 원자들을 광속에 가깝게 가속시키려면 그 입자의 전체 정지질량 에너지($E=mc^2$)에 해당하는 에너지를 투여해야 하기 때문이다.

또 하나의 난관은 양자역학이라는 미시 세계를 다루는 패러다임 속에 있다. 하이젠베르크의 '불확정성의 원리'에 의하면, 아무리 정확한 측정 기술이 개발된다 하더라도 임의의 측정 대상에 대하여 어떤 특정한 물리량들을 한 치의 오차도 없이 동시에 정확하게 측정하는 것은 불가능하다. 그러므로 원자의 위치와 에너지 분포를 모두 정확하게 재조합하여 인간의 형상을 재생시키는 일은 원리적으로 불가능하다. 모든 관측량에는 피할 수 없는 불확정성이 항상 존재하고 있기 때문이다.

위의 모든 난제들을 해결하여 어떤 사람을 구성하고 있는 원자들의 화학적으로 들뜬 상태를 철저히 분석하여 동일한 원자의 집합체를 만들 수 있다 하더라도, 그 사람의 기억과 꿈, 희망과 영혼까지도 똑같이 복제할 수 있을까? 만약 순간 이동 장치로 인간을 이동시킬 수 있다면, 그래서 순간 이동 장치를 거치고도 원래의 인간으로 돌아오게 된다면 인간은 그저 원자들의 집합체에 지나지 않는다는 유물론적인 시각이 사실로 증명되는 셈이다. 그러니 당신이 영혼을 믿는 사람이라면, 아무리 먼 길을 가야 할지라도 순간 이동을 기대해선 안 될 것이다. 기계가 당신의 영혼을 전송하지는 못할 테니까.

Cinema

21

고대 문명의 기원과 신비고고학

스타게이트
Stargate

서양인들은 오랫동안 동양의 문화에 대해 '신비'라는 수식어를 붙여왔다. 그것은 서양인들이 처음 동양의 문명을 접했을 때 느꼈던 낯설음에 대한 경배일 수도 있다. 메소포타미아와 이집트에서 3000년간 번성했던 고대 오리엔트 문명은 알렉산더 대왕에 의해 유럽이 통일된 후 서양 문명 전반에 막대한 영향을 끼쳤다. 또, 인도와 중국의 문물은 유럽

195

으로 전파되면서 그들의 문화에 풍성한 문화적 씨앗을 제공하였다. 콜럼버스는 미지의 땅 인도를 향해 목숨을 건 탐험 길에 올랐을 정도로, 서양인들은 동양에 대해 일종의 환상을 가지고 있다.

그러나 그들의 환상은 탐욕스럽다. 그들에게 동양은 그들의 위기를 극복해줄 신세계이자 문화적 보고이면서 약탈과 침략의 대상이다. 그들이 동양에 대해 '신비'라는 수식어를 사용하는 데는 그들의 탐욕스런 제국주의와 백인우월주의를 정당화하기 위한 속셈이 숨어 있다.

예컨대 영화 〈인디아나 존스^{Indiana Jones}〉 시리즈를 보면, 교묘한 미국의 제국주의적 편견을 읽을 수 있다. '잃어버린 성궤를 찾아서'라는 부제가 붙은 제1편 〈레이더스^{Raiders of the Lost Ark}〉는 고고학자인 인디아나 존스 박사가 나치들에 맞서 '남미의 보석'과 '중동의 성궤'를 찾으면서 벌이는 모험담이다. 그러나 남미나 중동의 보물을 발굴해서 미국 박물관에 갖다 놓든, 독일 박물관에 갖다 놓든, 그것은 중요한 것이 아니다. 모두가 똑같은 도둑질일 뿐이다. 〈인디아나 존스 2〉 역시 무대가 중국과 티베트로 바뀌었을 뿐, 서양인들의 약탈이 신나는 모험으로 미화되어 있다.

영화를 만든 스티븐 스필버그의 눈에 비친 동양은 보물이 숨겨져 있는 환상과 모험의 장소일 뿐이다. 서구인들은 끈질긴 탐색과 추적을 통해 보물을 찾아내고 약탈해 간다. 그것이 바로 콜럼버스의 꿈이 아니었던가?

'스타게이트', 이집트로부터 우주로 통하는 문

SF 영화광인 롤란트 에머리히는 이집트의 고대 문명에 대한 지식과 SF적 상상력을 결합하여 영화 〈스타게이트〉를 완성했다. 이 영화는 3000년 전 이미 찬란한 문명의 꽃을 피웠으며, 그 후 서양 문명에 막대한 영향을 끼쳤고, 아직까지 불가사의한 수수께끼로 남아 있는 고대 이집트 문명이 이집트인들에 의해 만들어진 것이 아니라 외계인에 의해 만들어졌다는 이야기를 담고 있다.

영화는 가상의 역사적 사건으로 시작된다. 1928년, 이집트의 '기자'에서 고대 이집트 시대의 유물이 발견된다. 이때 커다랗고 둥근 문이 하나 발견되는데, 미국의 과학자들과 국방성은 지금까지 이 문에 대해 비밀리에 연구하고 있다. 그러나 그 문의 용도와 정체가 무엇인지는 아직도 모르고 있다. 고대 이집트의 상형문자를 연구하고 있는 언어학자 잭슨 박사가 이 연구에 합류하면서 문에 대한 새로운 사실들이 밝혀진다. 이 문은 스타게이트라고 불리는 것인데, 먼 우주와 통해 있는 순간 이동 통로이다. 몇 명의 군인들과 잭슨 박사는 스타게이트 너머 세계를 탐사하기 위해 스타게이트를 관통한다.

실제로 1922년 하워드 카터Howard Carter에 의해 이집트 제18왕조 파라오인 투탕카멘의 무덤이 발견되었다. 이 발견은 20세기에 가장 두드러진 고고학적 발견이라고 할 수 있는데, 투탕카멘의 무덤 속에서 발견된 화려한 무덤 장식과 부장품들을 통해 이집트 전성기의 문화를 가늠하는 계기가 되었다. 〈스타게이트〉는 시작하면서 투탕카멘의 황금 마스크와 유사한 형상을 보여주는데, 여기서 우리는 영화가 이 발견에서 영감을 얻었다는 것을 알 수 있다. 영화는 이렇게 역사적인 사실과 고고학적 지식에 기반을 두고 펼쳐진다. 물론 영화에 등장하는 스타게이트가 실제로 발견되었다는 보고는 없지만 말이다.

탐사 팀이 스타게이트를 통해 다다른 곳은 사막과 같은 우주의 다른 행성, 그곳에선 사람들이 문자도 없이 이집트인들과 같은 방식으로 생활하고 있다. 거기서 탐사 팀은 이집트 문명이 어떻게 탄생되었는지 비석을 통해 알게 된다.

1만 년 전, 멸망해가는 먼 별에서 한 생명이 탈출해서, 생명으로 충만한 지구에 도달하게 된다. 그가 바로 태양신 '라'. 그는 한 소년의 몸에 들어가 새로운 삶의 기회를 얻게 된다. '라'는 인간의 모습으로 지도자가 되었고, 스타게이트를 통해 사람들을 자신의 행성으로 데리고 와서 광물을 캐게 했다. 이 별의 광물은 기술의 초석이면서, 영생을 가능케 하는 신기의 광물이다. 그러나 지구에서 반란이 일어나 스타게이트가 묻혀버리고 만다. 다시 지구로 돌아갈 수 없는 태양신 '라'는 또 다른 반란이 두려워 문자를 없애고 이 행성에서 인간들 위에 군림하며 살고 있었다. 이것이 이집트 문명의 진상이라는 것이다.

신비고고학이 말하는 이집트 문명의 비밀

이 이야기는 지금까지 우리가 불가사의한 수수께끼라고 여겨오던 고대 이집트 문명에 대한 많은 의문들에 해답을 제시하고 있다. 이집트인들은 시체가 썩지 않는다면 그 영혼도 저승에서 영원히 살 수 있다고 믿었기 때문에, 시체를 미라로 만들고 죽은 자의 집인 분묘도 정비하였다. 신분과 계급을 막론하고 모든 사람들이 내세에 자신들이 지니고

갈 유용한 장식물을 수집했으며, 자신들의 무덤에 최대한 관심을 쏟았다. 지금까지 전해오는 이집트 유물들이 대개 고대의 무덤과 결부된 것도 이와 무관하지 않다.

영화는 이집트인들이 이토록 집착하고 꿈꾸었던 내세가 바로 스타게이트 너머 우주의 다른 행성이라고 말한다. 사후 세계를 보고 돌아왔다고 주장하는 사람들은 한결같이 물을 건너 사후 세계에 도달하였다고 증언하는데 영화에서 스타게이트를 통과할 때도 물을 지난다. 이는 스타게이트 너머의 행성이 이집트인들의 내세임을 상징한다.

그곳에는 그들이 떠받들던 태양신 '라' 의 형상을 한 외계인이 살고 있으며, 여러 동물신들이 그를 수호하고 있다. 영화는 이집트의 왕 파라오가 막강한 절대 권력을 갖게 된 것은 그가 고도의 과학기술과 초능력을 가진 외계인이었기 때문이라고 설명한다. 태양신 '라' 는 투탕카멘의 황금 마스크를 쓰고 있다. 영화에서 태양신 '라' 를 수호하는 수호병들은 이집트 신화에 나오는 묘지의 신 '아누비스' 와 매의 형상을 한 왕권의 수호신 '호루스' 의 모습을 하고 있다. 정교하게 만들어진 그들의 복장은 이 영화에서 가장 주목할 만한 점이다. 영화는 이렇게 이집트인들의 태양신 '라' 와 여러 동물신들에 대한 종교적 신앙이 외계인에 의해서 비롯되었다고 주장하고 있다.

영화는 불가사의로 남아 있는 피라미드 역시 외계인이 지어놓은 것이라고 설명한다. 피라미드는 평균 2톤의 돌이 230만 개나 사용되었다고 하는데, 무거운 석재들을 어떻게 필요한 높이까지 운반하였는지는 아직까지 의문에 싸여 있다. 바늘 하나도 들어갈 틈이 없다는 정교한 건축법도 불가사의이다. 많은 고고학자들의 연구에 의해 나름대로 설명되고 있지만, 확실한 해답을 알고 있지는 못한 형편이다. 시체가 썩지 않고 탈수만 된다고 해서 피라미드를 우주 에너지가 모이는 곳이라고 추정하는 정도일 뿐이다. 〈스타게이트〉는 이 모든 점들에 대해 고도의 문명을 가진 외계인이 건축한 것이라는 해답을 제시하고 있는 것이다.

외계인들이 고대 문명을 건설했다는 주장은 〈스타게이트〉가 처음은 아니다. 요즘 들어 마야 문명이나 이집트 문명이 아틀란티스 대륙의 산물이라거나 우주인들의 작품이라고 주장하는 책들이 인기를 끌고 있다. 대표적인 책인 그레이엄 핸콕Graham Hancock의《신의 지문Fingerprint of the Gods》도 〈스타게이트〉와 유사한 주장을 하고 있다. 핸콕은 기자의 피라미드가 현대의 건축 기술로도 짓기 어려운 것으로, 고도의 과학 문명에 의해 건축됐다는 주장을 편다. 이런 유의 주장을 '신비고고학'이라고 하는데, 1970년대 미국에서 '우주고고학'이라는 이름으로 처음 등장해서 대중의 비상한 관심을 끌었다. 폰 대니켄Erich von Däniken이 주장한 우주고고학은 지구와 화성 사이에 행성이 있었으며, 여기에 살던 외계인들이 지구를 지배하고, 피라미드도 건축했다는 내용이다.

신비고고학의 이면

그렇다면 〈스타게이트〉의 신비고고학적 주장은 옳은 것일까? 기존의 고고학계는 신비고고학자들의 주장을 터무니없는 것이라고 일축한다. 고대 점토판 문서나 문자들에 대한 고고학적 연구 결과를 조금이라도 읽어보았다면, 그런 주장은 하지 않았을 것이라는 얘기다. 비록 피라미드의 건축법과 이집트 문명에 대해 모든 것을 이해하고 있지는 못하지만, 고고학적인 연구는 그것에 대해 합리적인 설명을 하고 있다. 사람들이 피라미드나 이집트 문명에 대해 신비함을 느끼는 것은 석기 시대에서 청동기 시대로 넘어가면서 그들의 지적 능력이 비약적으로 발전한 것을 이해하지 못하고 있기 때문이다. 그래서 피라미드의 밑변과 높이의 비가 원주율의 반인 1.57이라거나 무거운 석재를 150미터나 쌓아 올린 것에 대해, 고대 이집트인들이 어떻게 스스로 알아낼 수 있었겠느냐고 의심한다.

피라미드 안에서 죽은 고양이가 썩지 않고 있다거나 무딘 면도날이 날카롭게 재생된다는 사실은 피라미드가 단순히 왕의 무덤이 아닐 수도 있다는 의심을 하게 한다. 전기장 촬영을 통해 피라미드의 위 꼭짓점에서 에너지 장이 형성된다는 사실을 알아내기도 하였다. 이러한 사실들을 통해 어떤 사람들은 피라미드가 우주 에너지를 내부로 빨아들이는 '신비의 공간'이라고 여기고 현대 과학으로는 도저히 설명할 수 없다고 주장한다. 그러나 현재의 과학으로 설명할 수 없다고 해서 고대 이집트인들의 유산이 외계인에 의한 것이라는 주장은 지나친 비약이다.

서양인들은 뉴턴과 데카르트 이후, 합리적인 이성으로 구축한 현대 과학이 수천 년 전의 고대 동양 문명을 설명할 수 없다는 열등감으로 신비 고고학적 주장을 하고 있는 것은 아닐까? 동양의 과학에 대한 그들의 열등감과 그 반작용으로 인한 우월주의는 동양의 문명이 외계인들에 의해 하늘에서 뚝 떨어졌으리라고 스스로를 위안하는 것인지도 모른다. 우리나라의 첨성대가 매우 정교하게 만들어진 고대 천문대이기 때문에, 외계인들이 만들어놓은 것이라고 서양인들이 주장한다면 얼마나 황당할까?

　자연을 기술하는 과학의 패러다임은 불가공약적이어서, 어느 것이 더 우수하다고 말하기 힘들 때가 많다. 고대 동양 과학은 현대 서양 과학과는 다른 패러다임을 가지고 있기 때문에, 설명할 수 없는 내용이 있을 수 있다. 그런 의미에서 고대 과학 문명은 현대 과학의 패러다임이 안고 있는 문제를 드러내는 계기가 될 수도 있다. 이런 문제점들을 하나씩 해결하면서 현대 과학이 발전하게 되는 것이다. 외계인의 도입은 편리한 방법이지만 도움이 되지는 못한다.

　또, 서양인들에 의한 '동양의 신비화'로 인해, 동양은 그동안 서구 제국주의의 각축장이 되어왔으며, 부단한 수탈과 착취를 당해왔다는 사실을 잊어서는 안 된다. 이러한 신비화가 동양의 참모습을 왜곡시키고 변형시켜왔다는 사실도 잊어서는 안 될 것이다. 신비의 대상은 그 신비가 사라지면 매력을 잃고 버려지는 법이기 때문이다.

싸인

미스터리 서클

전 세계적으로 외계인이 등장하는 영화가 가장 많은 나라는 미국일 것이다. 〈스타 워즈〉와 〈E.T.〉 이후, 할리우드 SF 영화는 외계인을 빼놓고는 이야기할 수 없을 지경에 이르렀다. 할리우드 영화는 지금 외계인의 침공으로부터 지구를 지키겠다는 미국인들로 득실거린다.

〈식스 센스^{The Six Sence}〉의 감독 나이트 샤말란^{Night Shyamalan}이 만든 〈싸인^{Signs}〉은 미스터리 서클을 소재로 만든 외계인 영화다. 좀 더 정확히 말하자면, 마을에 출현한 외계인과 그들이 만든 미스터리 서클을 통해 영적 깨달음과 운명론에 관한 이야기를 풀어가고 있다.

필라델피아의 어느 시골 옥수수밭. 불길한 예감에 잠을 깬 농부 그레이엄(멜 깁슨)은 자신의 밭 한가운데 거대한 기호가 아로새겨져 있는 것을 발견한다. 이 기호가 그레이엄의 밭뿐 아니라 세계 곳곳에서 나타나자 사람들은 공포에 떤다.

이렇게 들판 한가운데 원형 또는 다양한 기하학적 문양으로 농작물이 눌려져 있는 것을 '크롭 서클^{Crop Circle}'이라고 하는데, 흔히 미스터리 서클이라고 더 잘 알려져 있다. 크롭 서클이 공식적인 매체에 처음 등장한 것은 1980년 영국 월트셔의 한 지방신문에서라고 알려져 있지만, 이미 70년대에 발견은 시작됐다.

영화와 달리 서클은 주로 영국에 집중돼 있고, 영화에서처럼 옥수수밭이 아닌 밀밭이나 보리밭에서 주로 나타난다. 샤말란 감독이 굳이 옥수수밭을 택한 까닭은 옥수수의 키가 커서 시야를 가리기 때문에 공포감을 극대화할 수 있기 때문이었다고 한다.

한동안 사람들은 크롭 서클을 외계인의 메시지라고 생각하기도 했다. 가지가 부러지지 않고 농작물이 누워 있는 것으로 보아 강력한 자기력이나 전자파, 플라스마 와류 등 첨단 기술을 이용한 것이라 생각했기 때문이다.

그러나 1991년 더그 보어^{Doug Bower}와 데이브 촐리^{Dave Chorley}가 크롭 서클은 자신들이 만들었다고 주장하면서 널빤지, 밧줄, 야구모자 등을 이용해 그 자리에서 만들어 보이자, 사건은 한순간에 종결돼버렸다. 헝가리에선 전문가도 구별하지 못할 가짜 크롭 서클이 발견되기도 했다.

그러나 영화에는 크롭 서클이 외계인의 메시지로 등장한다. 영화를 자문해준 콜린 앤드루스^{Colin Andrews}가 미스터리 서클을 외계인의 존재로 설명하는 대표적인 사람이기 때문이다. 그는 대부분의 크롭 서클이 가짜인 것은 인정하지만, 20퍼센트 정도는 아직 설명 불가능하다고 주장한다.

그러나 재미있게도 영화에 등장하는 크롭 서클들은 특수 효과가 아니라 보어와 촐리가 만든 방법을 이용해 실제로 만든 것이라고 한다. 아이러니하게도 영화가 사실적일수록 미스터리 서클은 가짜가 돼버리는 것이다.

영화 속에 등장하는
최첨단 생체 인식 보안 시스템

007 시리즈

출입이 철저히 통제된 건물에 들어갈 때나 전략적으로 중요한 곳을 컴퓨터로 접속할 때, 사용자 본인임을 확인하는 '보안 시스템'이 걸어온 발자취는 지난 첩보 영화 속에 등장했던 장면들을 떠올리면 쉽게 더듬어 볼 수 있다. 지금까지 주로 사용해온 방법은 크게 두 가지. 하나는 '비밀번호'를 이용하는 방법이고, 다른 하나는 '마그네틱 카드'를 이용하는 방법이다. 다시 말해서 사람의 신원을 파악하기 위해서 그 사람의 기억이나 소유물을 이용하는 것이다.

그러나 우리가 흔히 경험하듯이 기억은 별로 믿을 만한 것이 못 된다. 비밀번호는 사용자가 잊어버리기 쉽고, 잊어버리지 않기 위해 수첩에 적어놓을 경우 다른 사람들에게 누출될 수 있다. 또 대부분의 사람들은 비밀번호를 하나로 통일하여 사용하기 때문에, 한번 누출되면 큰 피해로 이어지게 된다.

게다가 비밀번호 숫자는 대개 4자리이고 그 조합은 1만 가지인데, 이 정도의 조합을 알아내는 일은 컴퓨터를 이용하면 쉬운 일이다. 어느 영화인지는 기억나지 않지만, 비밀번호를 알아내는 기발한 트릭을 본 적이 있다. 미세한 분말을 보안 시스템 번호판에 뿌려서 비밀번호가 어떤 숫자로 이루어졌는지를 알아내는 것이다. 번호판의 번호를 누를 때 특별히 실수를 하지 않는 이상, 대개 비밀번호 숫자 위에만 지문이 묻어 있기 때문이다. 영화에선 세 번 이상 실수하면 경보기가 작동하는 상황이었지만, 원래 주인공들이란 8분의 1 정도의 확률(4개의 숫자로 만들 수 있는 경우의 수는 24가지이므로)쯤은 그대로 현실로 만들 수 있는 특권이 있는 사람들인지라 별다른 문제 없이 통과할 수 있었다.

100퍼센트 보안에 도전하는 생체계측학

위와 같이 소유물이나 기억에 의한 보안 시스템은 누출 위험을 가지고 있으므로, 그 사람만의 신체적인 특징을 이용해서 본인임을 확인하

내가 나임을 어떻게 증명할 수 있을까?

PERSONAL IDENTITY

는 보안 시스템 개발이 현재 전 세계적으로 활발히 연구되고 있다. 바이오메트릭스^{Biometrics, 생체계측학}라고 불리는 이 분야를 연구하고 있는 벤처 기업이 실리콘 밸리에만 100여 군데나 있으며, 그 규모도 1200억 원에 달한다. 이러한 움직임은 인터넷의 등장으로 전자 결재와 재택 근무가 가능해지고 정보가 중요한 산업 요소로 등장하면서, 정보를 보호하는 보안 시스템의 역할이 점점 더 중요해진다는 점을 반영한 것으로 볼 수 있다.

그중에서 가장 오랫동안 연구되어온 분야는 지문 인식 시스템이다. 지문 인식을 100여 년 전부터 법을 집행하는 기관에서 신원 확인용으로 사용해왔다는 사실은, 주민등록증을 늘 소지하고 다니는 우리 국민이라면 누구나 잘 알고 있을 것이다. 지문은 사람들마다 고유한 것으로 약 10^{12}, 즉 1조 개의 패턴이 가능하다. 전 세계 인구가 약 60억(10^{10} 이하)정도니까 지문이 같은 사람은 거의 없다는 말이 된다. 그리고 가격도 비싸지 않아서 10만 원 정도면 간단한 지문 인식 소프트웨어를 살 수 있다고 한다.

지문을 인식하는 과정은 간단하다. 시스템에 손가락을 올려놓으면 CCD 카메라^{Charge-Coupled Device Camera}(빛 신호를 전기 신호로 바꾸어 마음대로 영상을 처리할 수 있는 카메라로서, 은행에서 폐쇄회로 카메라로 사용되기도 한다)가 지문 패턴을 읽은 후 저장된 개인 정보와 비교한다. 그리고 패턴이 일치하면 출입이 가능하다는 사인을 내는 것이다. 이때 지문을 광학적으로 읽어내는 데 걸리는 시간은 약 0.03초, 지문을 주회·검색해서 판단하는 시간이 0.05초 정도. 따라서 0.1초 안에 모든 인식이 끝난다. 최근에는 키보드에 아예 지문 인식 시스템을 설치해서 컴퓨터를 사용하는 사람이 본인인지를 확인할 수 있는 시스템도 개발되었다고 한다. 지문 인식 시스템의 오인식률은 0.1퍼센트 정도. 목욕을 한 뒤 부푼 손가락의 지문도 문제없이 감지할 수 있다고는 하지만, 1000번 중에 한 번은 실수한다는 뜻이므로, 절대 실수를 해서는 안 될 상황이라면 지문 인식 시스템으로는 부족한 감이 있다.

목소리를 알아듣는 시스템의 개발은 말만으로 지시를 내리는 인공지능형 가전제품 개발과 맞물려서 많은 연구가 진행되어온 상태다. 우리나라에서는 특히 "우리~집!" 하면 전화가 집으로 연결되는 CF 장면 때문에 이런 시스템이 많은 화제가 되기도 했다. 음성의 주파수를 분석해보면 사람마다 독특한 주파수 분포를 가지는데, 이것이 '음색'을 결정한다. 음성 인식 시스템은 이 음색으로 그 사람의 목소리를 구별하겠다는 것이다. 음성 정보를 1백분의 1초 단위로 잘라서 원래 저장된 정보와 비교하는 것이 이 시스템의 원리다.

그러나 음성 인식 시스템은 감기에 걸렸거나 나이에 따라 목소리가 바뀌는 상황까지 고려해야 하는 중요한 과제를 안고 있다. 그래서 오인식률도 10퍼센트나 된다. 하지만 폰뱅킹 같은 원거리 통제가 필요한 상황에서 유용하다는 이점이 있어서 꾸준히 연구되고 있는데, 요즘에는 사용자의 독특한 억양이나 말하는 습관까지 고려해서 좀 더 정밀한 시스템을 개발하고 있다는 소식이 들린다.

10^{78}, 눈이 만들어내는 경우의 수

최근 들어 가장 화제가 되고 있는 시스템은 홍채 인식을 통한 보안 시스템이다. 홍채는 눈으로 들어오는 빛의 양을 조절하는 원반형의 얇은 막인데, 눈이 까맣게 혹은 파랗게 보이는 것도 바로 홍채의 색깔로 정해지는 것이다. 홍채의 주름과 색깔은 지문의 패턴과는 비교가 안 될 정도로 다양한데, 그 경우의 수가 무려 10^{78}. 치맛자락으로 3년마다 바위를 스쳐서 바위가 다 닳아 없어지는 시간—바위가 얼마나 큰지는 모르겠지만—을 '겁'이라고 한다는데, '겁'도 10^{72}밖에 안 된다.

홍채 인식 시스템의 또 하나의 장점은 30센티미터 정도 거리에서도 인식이 가능하다는 점. 이것은 상품화하는 데 매우 중요한 장점으로 작용한다. 1985년에 미국의 아이덴티파이 사가 망막의 혈관 패턴을 이용한 인식 시스템을 개발했으나 상품화하지 못한 것도 바로 눈을 시스템에 밀착시켜야 한다는 점 때문이었다. 직접 눈을 대야 한다는 것이 아무래도 불편하기 때문이다.

CCD 카메라로 홍채의 패턴을 읽어서 인식하는 데 걸리는 시간은 약 2초 정도. 안경을 쓰거나 렌즈를 껴도 전혀 상관없으며 밤에도 아무 문제가 없다. 오인식률은 겨우 10만분의 1. 거의 완벽하다는 얘기다. 앞으로는 PC 모니터 위에 CCD 카메라를 설치해서 화상통신을 하는 경우가 많이 생길 것이므로 가정에서도 이 시스템을 이용할 수 있을 것이다. 또 지문은 얇은 막에 상대방 지문을 본떠서 위조할 수 있지만, 홍채는 위조가 불가능하므로 007 영화에서 핵미사일을 발사하는 상황처럼 무지무지 중요한 순간에 이용하기 적당하다.

물론 영화 〈데몰리션 맨〉을 보면 홍채 인식 시스템도 그렇게 완벽한 것만은 아니라는 생각이 들기도 한다. 홍채 인식 시스템이 보편화된 2032년,

냉동 감옥에 갇혀 있던 테러범이 탈출을 하는데, 그는 경찰 소장의 눈을 뽑아서 인식 시스템을 무사히 통과한다. 다시 말해 홍채 인식 시스템 자체가 더 끔찍한 범죄와 연결될 수 있는 것이다. 하지만 뛰는 테러범 위에 나는 과학자가 있지 않은가? 과학자들은 이런 상황을 막기 위해 살아 있는 눈에서만 나타나는 동공의 축소나 확대를 감지하는 부가적인 시스템을 연구하고 있다.

한편 〈에일리언 4〉에는 입 냄새로 사람을 인식하는 시스템이 등장한다. 그러나 위노나 라이더가 다양한 입 냄새 스프레이를 이용해 시스템을 속이고 무사히 보안 시스템을 통과하는 것처럼, 입 냄새를 이용하는 것 역시 완벽한 것은 아니다. 같은 사람이라도 때에 따라, 또 먹은 음식에 따라 입 냄새가 달라질 수 있기 때문이다.

생체 보안 시스템은 우리의 정체성에 철학적 질문을 던진다. 내가 나임을 어떻게 증명할 수 있을까? 보안 시스템은 결국 나의 정체성을 신체에서 찾으려는 노력인데, 과연 나의 홍채나 지문이 타인과는 구별되는 나의 존재를 증명해줄 수 있을까? 앞으로는 몸조심 잘 해야겠다. 눈이나 손을 잃어버리면 내 존재마저 잃어버릴 수 있으니 말이다.

보이지 않는 것을
보는 적외선의 세상

프레데터
Predator

액션 영화나 공상과학영화를 보다 보면 종종 하이테크 시대에 걸맞은 최첨단 장비들이 등장하곤 한다. 주인공이나 악당들이 사용하는 첨단 기계 장비들은 관객에게 재미를 더해줄 뿐 아니라 때로는 극적인 흐름에 결정적인 역할을 하기도 한다. 게다가 이러한 장비들은 대개 현재의 기술로 가능한 것이거나 머지않아 실현되리라 예상되는 것들이어서, 첨단 과학기술의 현주소를 가늠해볼 수 있는 기회를 제공하기도 한다. 그중에서도 최근 눈에 띄게 자주 등장하는 첨단 장비가 바로 적외선을 이용한 감지 장치이다. 어둠 속에서나 혹은 벽 뒤에 있는 생명체를 감지할 수 있는 적외선 감지기, 또 벽 뒤에 있는 물체까지 탐지할 수 있는 감지 장치, 그리고 보안 시스템으로 이용되는 적외선 레이저 장치 등이 바로 그것이다.

우리가 눈으로 사물을 볼 수 있는 것은 태양이나 전등에서 나온 빛이 사물에 반사되어 우리 눈의 시세포를 자극하기 때문이다. 우리 눈은 가시광선이라 불리는 3500~7000 Å (1 Å (옹스트롬)은 10^{-10}미터를 뜻한다) 영역의 빛에만 자극받는 시세포를 가지고 있다. 만약 우리 눈이 가시광선 영역 밖의 빛을 감지할 수 있다면, 세상은 지금 우리가 보는 것과는 전혀 다른 모습으로 비춰질 것이다(그런 것을 상상해보는 일은 얼마나 즐거운 일인가!).

적외선으로 세상을 보는 괴물의 등장

만약 낮은 주파수 영역, 즉 파장이 빨간색보다 긴, 적외선을 감지할 수 있는 눈으로 세상을 바라본다면 어떤 풍경이 펼쳐질까? 영화 〈프레데터〉를 통해 이런 공상을 잠시나마 스크린에서 맛볼 수 있다. 〈프레데터〉에는 적외선을 감지하는 능력을 지닌 외계인이 등장하는데, 그의 눈을 통해 '적외선으로 본 세상'이 영화 속에 펼쳐지기 때문이다(이 외계인 역을 맡았던 엑스트라가 지금은 유명해진 액션 배우 장 클로드 반담이다).

외계인 괴물의 눈에는 푸른빛의 차가운 무생물과 붉은빛의 살아 있는 생명체들이 뒤섞여 보인다. 인간이나 쥐 같은 항온동물은 몸에서 열(체온)을 내기 때문에 열선인 적외선을 방출한다. 그래서 프레데터는 아무리 어두운 정글에서도 인간을 찾아낼 수 있고, 인간들은 속수무책으로 외계인 괴물 프레데터에게 잔혹하게 당하고 만다.

영화에는 변온동물인 전갈도 적외선 감지기에 걸리는 장면이 나오는데 실제로 변온동물의 체온은 주변의 온도와 3~4℃ 정도밖에 차이가 나지 않기 때문에, 프레데터의 눈이 굉장히 좋지 않은 이상 이 장면은 '옥에 티'일 것이다.

적외선을 감지하는 잔악무도한 외계인 프레데터를 맞아 주인공인 특공대 대장(아널드 슈워제네거)은 어떻게 위기를 모면하고 그 녀석을 죽여서 할리우드 영화다운 결말을 내게 될까? 여기에 아주 재미있는 장면이 등장한다. 그는 우연히 진흙이 온몸을 덮고 있는 자신을 지척에 두고도 프레데터가 그냥 지나치는 상황을 경험하게 된다. 진흙이 몸에서 나오는 적외선을 차단해줄뿐 아니라, 미약하게 방출되는 적외선마저 사방으로 산란시키기 때문에 코앞에 주인공이 있어도 알아채지 못한 것이다. 그래서 진흙을 몸에 바른 주인공(이렇게 하면 프레데터 앞에서는 완전히 투명 인간과 같다)은 프레데터를 물리칠 수 있게 된다.

주인공은 적외선을 겁낼 필요가 없다?

괴물 앞에서 투명 인간이 될 수 있었던 비결은 진흙 외에 진흙에 함유된 물 분자에도 있다. 물 분자들은 적외선을 강하게 흡수하는 성질이 있는데, 특히 가시광선 영역만 투과시키고 다른 영역의 빛은 대개 흡수한다. 이것은 우리가 수분을 함유하고 있는 대부분의 물체를 별 다른 어려움 없이 볼 수 있는 이유이기도 하다. 이렇듯 우리 눈이 물의 투과 영역인 가시광선 영역만을 감지할 수 있다는 신기한 사실은 우리가 물(바다)에서 탄생하여 육지로 올라왔다는 주장에 힘을 실어준다.

물 분자가 적외선을 흡수한다는 사실을 다른 영화에서 더욱 확실하게 확인해볼 수 있다. 영화 〈페어 게임Fair Game〉에는 이와 관련된 그럴듯한 장면이 나온다. 자신들의 사업적인 이익을 위해 변호사(신디 크로퍼드)를 죽이려는 악당들은 벽 뒤에 있는 사람이 발산하는 적외선까지 감지하는 고감도 투시경이 달린 총으로 그녀와 그를 보호하려는 형사(윌리엄 볼드윈)를 겨냥한다. 그러나 형사가 샤워를 하자, 적외선 감지기에서 그의 모습이 사라진다. 샤워기에서 나온 물 분자들이 적외선을 흡수해버렸기 때문이다. 벽 뒤의 사람에게서 발산되는 적외선까지도 감지할 수 있는 투시경은 현재 미국에서 만들어지고 있는데, 실전에 쓰인다면 무서운 위력을 발휘하게 될 것이다.

그런데 한술 더 떠 벽 뒤에 있는 사람을 감지할 뿐 아니라, 그 사람의 골격이나 심장박동까지 높은 해상도로 보여주는 감지 장치가 〈이레이저〉에 등장한다. 아널드 슈워제네거와 버네사 윌리엄스가 주연한 이 영화에는 알루미늄 탄환을 전자파에 실어 발사하는 EMP 건이 나오는데, 이 총에 장착된 투시경이 바로 그것이다. 이 영화에 등장하는 투시경은 벽 뒤에 있는 어떤 사물도 볼 수 있으며, 사람의 신체, 심지어 내장까지도 엑스레이 사진보다도 더 생생히 포착한다. 그러나 〈이레이저〉에 등장한 투시경은 현재의 과학 지식으로는 이해할 수 없는 가공의 기계 장치다. 벽 뒤에 있는 물체를 높은 해상도로 보기 위해서는 X선을 사용해야 한다. 그런데 X선은 투과율은 매우 높지만 반사를 거의 하지 않기 때문에 반사되어 우리 눈에 들어오는 빛의 양은 거의 없다. 그래서 우리 눈으로는 아무 것도 볼 수 없게 된다.

우리가 병원에서 X선 촬영을 통해 몸의 내부를 볼 수 있는 것은 신체에 X선을 쏘고 반대편에 감광 필름을 놓기 때문이다. 그러면 뼈같이 투과율이 낮은 영역과 살같이 투과율이 높은 영역이 각각 다른 정도로 감광 필름을 인화시켜 우리는 뼈의 형태를 파악할 수 있게 되는 것이다. 그러나 〈이레이저〉에 등장하는 투시경처럼 감광 필름을 사용하지 않은 상황이라면, 투과율 못지않게 반사율도 높아야 하는데 이것은 불가능하다. 에너지 보존 법칙에 의해 반사율과 투과율, 흡수율의 합은 일정하기 때문이다.

악당은 적외선을 겁낼 필요가 있다!

지금까지의 영화들과는 달리, 적외선 감지기가 투시경이나 감지 장치가 아니라 '보안 장치'로 쓰인 영화도 있다. 중요한 금고가 들어 있는 방에 침입자가 있을 경우 경보기가 작동되도록 레이저 보안 장치가 설치된 경우다. 눈에 보이지는 않지만 레이저 빛이 방 안 여기저기를 거미줄처럼 지나고 있어서 이 선을 건드리기만 하면 경보가 울린다. 한쪽 끝과 다른 쪽에 발진기와 수신기가 각각 설치되어 있어서, 발진기에서 나온 레이저 빛이 잠시라도 수신기에 들어오지 않으면 그 사이로 무언가가 지나간 것으로 간주해 경보기가 울리는 것이다. 이때 사용하는 레이저 빛이 적외선이다.

영화 〈종횡사해〉에도 귀중한 미술품이 보관되어 있는 전시관에 이러한 보안 장치가 설치되어 있다. 그러나 전문털이범인 주윤발, 장국영, 종초홍은 이 보안 장치를 멋지게 뚫고 빠져나온다. 이들이 방을 무사히 빠져나온 방법은? 보안 장치가 설치된 방에 발을 내딛기 전 이들은 준비해 온 포도주를 컵에 따르고 컵을 통해 방 안을 본다. 그랬더니 레이저 빛이 보이는 것이 아닌가! 춤까지 추면서 유유히 빠져나오는 이들. 보안 장치만 믿었던 미술관은 보기 좋게 당하고 만다.

그럴듯해 보이는 술수지만 실제로 이런 일은 절대 일어나지 않는다. 포도주가 담긴 컵을 통해서도 적외선 레이저 빛은 보이지 않기 때문이다. 그렇다면 담배 연기를 이용하면 어떨까? 담배 연기를 이용하면 뿌연 연기 사이로 적외선 빛이 지나가는 것을 또렷하게 볼 수 있지 않을까?

불행하게도(?) 그 역시 불가능하다. 담배 연기 사이로 빛이 지나가는 것을 볼 수 있는 것은 사실이다. 물리학에서는 이러한 현상을 '틴들 현상'이라고 하는데, 빛이 연기의 작은 입자들과 부딪쳐 사방으로 산란하기 때문에 빛줄기가 보이는 현상이다. 그러나 적외선은 파장이 길어서 산란이 잘 일어나지 않는다. 산란이 일어나는 정도는 파장에 반비례하여 증가하기 때문이다. 좀 더 정확히 말하자면, 빛의 산란 각도는 파장의 네제곱에 반비례하게 증가한다. 파장이 짧은 파란색이나 자외선은 산란을 많이 하고, 파장이 긴 빨간색이나 적외선은 산란을 잘 하지 않는다. 하늘이 파랗게 보이는 이유도 바로 이 때문이다. 태양에서 온 빛 중에서 산란을 가장 많이 하는 파란색이 우리 눈에 들어와 하늘이 파랗게 보이는 것이다. 같은 원리로 적외선 빛은 담배 연기로도 산란이 잘 안 돼서 실제로 보기가 힘들다. 보안 장치에 적외선을 쓰는 이유는 적은 에너지로 쉽게 만들 수 있는 이유도 있겠지만, 틴들 현상이 잘 일어나지 않아 들킬 염려가 없다는 장점도 있기 때문이다.

그렇다면 마지막으로 질문 하나. 적외선 카메라를 이용하면 보안 장치의 적외선 레이저를 볼 수 있지 않을까? 멋진 아이디어이긴 하지만, 보안 시스템을 개발한 사람들도 만만치 않다. "그럴 줄 알고 미리 대비해뒀지! 히히히."

보안 시스템에서 나오는 레이저 빛은 연속적인 신호가 아니라 펄스형 신호다. 즉 짧게 끊어진 신호들이 순간적으로 발사되기 때문에 적외선 카메라로도 보이지 않는다. 게다가 신호의 크기도 작기 때문에 카메라로 포착하기 힘들다고 한다. 결국 적외선 레이저 감지 장치를 뚫기는 힘들다는 얘기다.

인간의 시야를 적외선 영역까지 넓혀준 과학기술은 우리에게 세상을 바라보는 새로운 시각을 제공해주었다. 적외선으로 바라보는 세상은 프레데터가 바라보았던 지구처럼 전혀 아름답지 않은 모호한 모습일 수도 있겠지만, 생명의 따뜻한 온기가 느껴지는 세상임엔 틀림없다. 앞으로도 과학기술은 우리 눈의 한계를 극복해줄 기계 장치들을 개발하는 데 계속 박차를 가할 것이다.

그렇다고 반드시 긍정적인 측면만 존재하는 것은 아니다. 보안이나 군사적인 목적 외에 개인의 사생활을 침해하는 도구로 악용될 수도 있기 때문이다. 그런 면에서 수영복 속까지 볼 수 있는 적외선 카메라 렌즈의 등장이 시사하는 바는 크다.

Cinema
24

최첨단 물리학 이론이
영화에 등장하다

체인 리액션
Chain Reaction

과학자들의 연구 내용이 SF 영화의 주된 소재로 등장하는 경우가 자주 있다. 〈더 플라이〉는 주인공 과학자가 순간 이동 장치를 개발하면서 벌어지는 사건을 다루고 있고, 〈배트맨 포에버Batman Forever〉에서는 악당 니그마(짐 캐리)가 뇌파를 통해 사람들의 마음을 조종할 수 있는 TV를 개발해 배트맨을 위협한다. 〈브레인스톰Brainstorm〉이나 〈스트레인지 데이즈^{Strange Days}〉에서는 뇌 신경에 직접 자극을 주입하는 가상 체험기가 주된 모티프로 등장한다. 그런데 영화에 등장하는 과학자들의 이 같은 발명품 혹은 과학기술이 그럴듯해 보이는 경우는 별로 없다. 앞에서 얘기한 순간 이동 장치와 〈플러버〉에 등장하는 기발한 발명품 역시 현실과는 거리가 먼 얘기다.

물리학의 눈으로 본 말이 안 되는 영화 vs 말이 되는 영화

영화 〈플러버〉에서 화학자 로빈 윌리엄스는 자신의 결혼식도 잊어버린 채 연구에 몰두하는 천재 과학자다. 세상에 그런 과학자는 당연히(!) 없겠지만, 그가 발명한 고무공 역시 세상에 존재할 수 없는 물질이다. 그가 발명한 고무는 탄성이 좋다 못해, 스스로 에너지를 만들어서 저절로 튕겨 돌아다닌다. 그래서 '날아다니는 고무^{Flying Rubber}'라는 뜻의 '플러버'라는 이름이 붙었다.

그러나 플러버는 우주를 이루고 있는 가장 기본적인 법칙인 '에너지 보존의 법칙'에 위배되는 물체이다. 에너지 보존의 법칙이란 어떤 물질도 에너지를 스스로 만들거나 소멸시키지는 못한다는 법칙이다. 다만 다른 형태로 변환할 수 있을 뿐이다. 따라서 고무공을 들고 있다가 살며시 떨어뜨리기만 했을 때 우리가 바랄 수 있는 최상의 수준은 고무공이 다시 제자리로 돌아오는 정도다. 이런 경우를 '완전 탄성 충돌'이라고 하는데, 마찰 에너지와 같이 다시 회복할 수 없는 에너지로 변환되지 않고 내려갈 때 위치에너지에서 운동에너지로, 그리고 올라올 때 다시 위치에너지로 변환되는 경우를 말한다. 만약 고무공의 위치에너지가 공기나 바닥 면에서 마찰 에너지나 열에너지로 전환된다면 고무공은 다시 제자리로 돌아오기 힘들 것이다. 즉 더 낮은 높이밖에 오르지 못하게 된다. 따라서 모터를 달지 않는 이상, 고무공이 떨어뜨린 높이보다 더 높이 올라간다거나 마구 돌아다니는 상황은 있을 수 없다. 실제로 물질이 이런 성질을 가질 수 있다면 에너지 걱정은 없을 텐데 아쉽게도 이런 일은 절대로 일어나지 않는다.

그런데 〈플러버〉와는 달리 매우 그럴듯한 과학 이론이나 과학기술이 영화에 등장하는 경우가 가끔 있다. 키아누 리브스가 주연을 맡은 영화 〈체인 리액션〉이 바로 그 경우다. 이 영화는 일반인들에겐 그다지 큰 인기를 끌지 못했지만, 물리학을 전공한 사람들에게는 상당히 흥미로운 볼거리를 제공해주었다.

〈도망자The Fugitive〉와 〈언더 시즈Under Siege〉를 만든 앤드루 데이비스Andrew Davis 감독은 그의 고향인 일리노이 주에 있는 시카고 대학 물리학과 실험실을 〈체인 리액션〉의 무대로 택했다(실제로 이 영화를 촬영한 곳은 시카고 근처에 있는 유명한 아르곤 국립연구소였다). 대학원생인 에디(키아누 리브스)는 우연히 실린더 형 액체 관에 전자 키보드로 만들어낸 특정한 주파수의 소리를 들려주었더니, 액체 관 안에서 불빛이 일어나면서 연쇄 반응이 이어져 엄청난 에너지가 발생하게 된다는 사실을 알아낸다.

그는 환경에 무해하고 안전하게 막대한 에너지를 발산하는 방법을 발견하게 된 것이다. 그러나 이러한 발견의 기쁨을 만끽하는 것도 잠시. 이 사실을 알게 된 공동 연구자이자 정부 관계자인 폴 섀넌(모건 프리먼)은 에디와 그의 지도교수 릴리 싱클레어(레이첼 와이즈)를 제거하려 한다. 사실 미국 정부는 오래전부터 이 프로젝트를 비밀리에 진행해왔다. 그런데 이 기술이 순수 연구 형태로 전 세계에 공개될 경우 그동안 미국이 연구하고 투자해온 성과가 무의미해질 뿐 아니라 상업적으로 이용하기도 힘들어지게 된다. 영화는 이러한 정부의 음모에 맞서는 키아누 리브스의 힘겨운 싸움을 보여준다.

음파 발광의 비밀을 쫓는 실제의 물리학자들

영화에서처럼 음파를 들려주면 빛을 발하는 현상이 실제로 있다. 이렇게 음파 에너지를 빛에너지로 바꾸어주는 현상을 소놀루미네선스 Sonoluminescence라고 부르는데, 우리말로는 '음파 발광' 정도로 번역할 수 있겠다. 실린더 형 액체 관에 소리를 들려주면 음파 에너지가 굉장히 작은 공기 방울을 만든다. 음파는 이 공기 방울이 격렬하게 진동하도록 만들고, 공기 방울은 크기가 줄어들었다 커졌다를 반복하면서 약 50마이크론까지 커진다. 이때 액체 속에는 공기 분자가 거의 들어 있지 않기 때문에 공기 방울은 사실 거의 진공 상태에 가깝게 된다. 반대로 액체는 상대적으로 높은 압력을 가진 것과 같게 된다. 이러한 압력의 불균형은 다시 공기 방울을 순식간에 1마이크론 크기의 방울로 붕괴시킨다. 이렇게 붕괴되는 순간에 공기 방울에서 순간적으로 빛이 발산되는 것이다.

과학자들이 측정해본 결과, 이렇게 발산된 빛은 가시광선이나 적외선보다 에너지가 높은 자외선 영역의 주파수를 가지고 있었다. 심지어 때에 따라서는 X선이 발산되기도 했지만, 이 경우 대부분 액체에 흡수되어 쉽게 측정하기 어려웠다. 자외선이 방출될 때에는 공기 방울 근처 액체의 온도가 2만 5000℃에서 높게는 10만℃ 가까이 상승하게 된다. 이것은 태양의 표면 온도인 7000℃보다 높은 온도다. 측정 결과, 빛은 약 50조분의 1초 정도로 아주 짧은 시간 동안 발산된다고 한다.

1989년 미국의 물리학자 필립 게이탄^{Felipe Gaitan}과 로렌스 크럼^{Lawrence Crum}은 하나의 공기 방울로 음파 발광 현상을 일으키는 데 성공했다. 그들은 작은 도선을 물이 담긴 플라스크 가운데 설치하고 전기를 가해 열이 발생하도록 만들었다. 그러자 도선 주위 물의 온도가 올라가면서 증기로 가득 찬 작은 공기 방울이 만들어졌다. 이때 음파를 쏘여주었더니 공기 방울이 폭발하면서 급속도로 붕괴하기 시작했다. 그리고 순간적으로 도선 주위의 온도는 7만 2000℃를 넘었다고 한다.

그렇다면 어떻게 이런 일이 가능할 수 있을까? 이 현상을 처음 발견한 과학자는 1934년 두 명의 독일 과학자들이었지만, 그 원리에 대해서는 아직까지도 물리학자들 사이에서 의견이 분분하다. 그중에서도 가장 유력한 이론은 '충격파^{shockwave}'로 음파 발광을 설명한 이론이다. 이 이론은 안드레아 프로스페레티^{Andrea Prosperetti} 박사가 제안하여 1997년 4월 미국 음파학회지에 실리면서 처음 알려지게 되었다. 공기 방울이 갑자기 0.5 마이크론 크기로 붕괴하면 약 1만℃ 정도까지 온도가 상승한다는 사실은 지금까지 잘 알려진 현상이었다. 그러나 이것은 자외선을 발산하기에는 너무 낮은 온도다. 그러나 만약 공기 방울이 '음파보다 빠른 속도^{Supersonic Speed}'로 붕괴되면 충격파를 만들 수 있게 된다. 만약 이 에너지가

200억분의 1미터 크기에 집적되면 100만℃ 이상의 온도를 만들어낼 수 있다는 계산을 프로스페레티 박사가 했던 것이다.

인류를 구원할 새로운 에너지는 가능한가

그러면 과연 음파 발광 현상이 막대한 에너지를 만들어낼 수 있을까? 영화에서의 상황으로 추측해본다면 음파 발광이 수소를 헬륨으로 바꾸는 핵융합 반응을 연쇄적으로 일으켜서 막대한 에너지를 만들었다고 보이기도 하고, 물에서 수소를 분리해내어 수소 폭발의 연쇄 반응을 유발했다고도 볼 수 있다.

원리적으로 따져보면 이러한 현상이 가능할 수도 있다. 음파 발광에 의해 공기 방울 안의 온도는 급상승하게 되고 심하게 수축하려는 압력을 받게 된다. 이 정도 온도와 붕괴 압력이라면 낮은 수준의 핵융합 반응 정도는 유도할 수 있다고 한다. 예를 들면 공기 방울 안의 원자들은 순식간에 높은 온도로 데워지고 높은 압력에 의해 서로 융합하여 핵융합 에너지를 발산한다는 것이다.

몇 명의 과학자들이 로렌스 리버모어 국립연구소에 있는 슈퍼컴퓨터로 시뮬레이션을 해본 결과, 음파 발광을 이용하면 10만℃까지 온도를 올릴 수 있으며, 대기압의 수백만 배의 압력을 만들어낼 수도 있다는 결론을 내렸다. 태양이 빛을 내는 것은 내부에서 수소가 헬륨으로 변하는 과정에서 만들어낸 에너지, 즉 핵융합 에너지 때문인데, 태양의 내부 온도보다 높은 온도 즉 1만℃ 이상의 온도를 만들어낼 수 있다면 핵융합이

가능하다는 증거가 된다.

그러나 실제로 실험해본 바에 따르면, 음파 발광으로 만들 수 있는 에너지의 크기는 굉장히 작다고 한다. 시뮬레이션 결과와 같은 수준의 핵융합 반응을 일으키기 위해서는 음파 발광이 지금보다 10배에서 100배 가까운 에너지를 만들어야 한다는 사실도 알아냈다. 영화의 첫 장면에서 주인공은 물 컵 한 잔으로 시카고 시내가 일주일 동안 쓸 수 있는 에너지를 만들 수 있다고 말한다. 그러나 로렌스 리버모어 국립연구소의 윌리엄 모스William Moss는 미국의 과학 잡지 〈사이언스 뉴스〉에서 이렇게 말했다. "온 지구를 음파 발광 장치로 뒤덮는다 해도, 한 컵의 물을 몇 도 정도 데우는 데 만족해야 할 것이다."

영화에서는 주인공 에디가 모터사이클을 타고 충격파를 따라잡는 장면이 나오는데, 이 정도의 약한 반응으로는 영화에서 말한 만큼의 에너지를 얻는 것은 불가능하다. 수소 대신 수소의 동위원소인 이중수소를 사용한다면 가능할지도 모르겠지만, 결과는 미지수다.

매우 과학적인 이 영화에도 어김없이 과학상의 오류는 숨어 있다. 대학원생 에디는 연구에 지쳐 쉬면서 전자 키보드를 치다가 우연히 음파 발광 현상을 발견하는 것으로 나온다. 특정한 주파수를 쳤을 때 갑자기 음파 발광의 연쇄 반응이 일어난 것이다. 그러나 실제로는 전자 키보드로 음파를 쏘여도 결코 음파 발광을 볼 수 없다. 음파 발광을 일으키기 위해서는 음파를 액체 관 안에 있는 공기 방울에 정확히 주입시켜야 하는데 먼 발치에서 전자 키보드로 음파를 주입하는 것은 불가능하다. 더욱 재미있는 것은 음파 발광을 유발하는 음파는 우리가 귀로 들을 수 없는 주파수 대라는 사실이다. 키보드로 음파를 들려준다는 설정은 낭만적이긴 하지만 과학적이진 못하다.

그렇다고 해서 이 영화의 가치가 떨어지는 것은 아니다. 다소 비약적인 설정이 있고 영화의 완성도도 많이 떨어지지만, 과학적인 이론을 영화의 주된 모티프로 도입했다는 점에서 과학자의 한 사람으로서 높은 점수를 주고 싶다. 막대한 에너지를 만들어내는 장치를 개발하고 그것을 탈취하는 액션 영화를 만들려고 했다면, 굳이 이런 과학적인 설정을 도입하지 않아도 됐을 것이다. 아마도 시나리오 작가는 영화의 사실성과 감동을 높이기 위해 많은 물리학자들을 귀찮게 했을 것이다. 또 감독은 사실적인 장면을 만들기 위해 여러 연구소와 실험실을 어지럽혔을 것이고. 그런 숨은 노력들이 영화보다 더욱 감동적으로 느껴진다.

카오스를 알면 자연이 보인다

트위스터
Twister

1939년은 할리우드 최고의 해로 일컬어진다. 그해 영화사에서 걸작으로 평가받는 두 편의 영화가 만들어졌기 때문이다. 바로 〈바람과 함께 사라지다Gone with the Wind〉와 〈오즈의 마법사Wizard of Oz〉이다. 〈바람과 함께 사라지다〉가 역사의 질풍 속에 던져진 한 여인의 사랑과 인생을 그린 어른들의 고전이라면, 〈오즈의 마법사〉는 마법의 세계에서 한 소녀가 겪게 되는 모험을 담은 아이들의 뮤지컬 동화다. 특히 예쁘고 착한 소녀 도로시가 회오리바람에 휘말려 신비로운 마법의 세계로 올라가는 장면과 모험 끝에 지상으로 내려오는 장면에서 회오리바람은 파괴적이면서 아름다움을 간직한 이중적인 매력을 갖고 있다. 스크린이 감기는 이 아찔한 장면에서 관객들은 일종의 황홀감을 맛보게 된다.

스톰 체이서, 자연의 위력에 매혹된 사람들

〈트위스터〉는 황홀감에 사로잡혀 무서운 회오리바람을 쫓는 기상학자들에 관한 영화다. 〈오즈의 마법사〉가 꿈이라면 〈트위스터〉는 현실이고, 도로시가 마법과 대결하였다면 빌과 조는 자연과 맞서 싸운다. 광기에 사로잡힌 기상학자들은 토네이도의 '눈' 속에 들어가면 센서가 작동하여 토네이도의 풍속과 이슬점 등을 알려주는 측정 장치를 이용해서 토네이도 진로 예측 시스템을 만들고자 한다. 이 폭풍 예측계의 이름이 의미심장하게도 '도로시' 다.

폭풍을 쫓아다니는 이른바 '스톰 체이서Storm Chaser' 들은 영화 속에만 등장하는 가상의 인물이 아니라 실제로 오래전부터 존재했다. 최초의 스톰 체이서로 기록되어 있는 인물은 영국 찰스 2세 시대의 '도먼 뉴먼Dorman Newman' 이라는 인물인데, 1662년 겨울에 영국의 도서 지방과 네덜란드, 프랑스에 이르는 넓은 지역을 강타했던 토네이도에 대한 상세한 기록을 남긴 바 있다. 그의 기록은 하도 상세해서, 런던 다리를 건너던 한 여성은 강풍으로 치마가 귀까지 뒤집혀 올라오는 바람에 망신을 당하기도 했

따뜻한 바다 위에서 만들어진 거대한 공기 기둥은
지구의 자전과 함께 회전하면서 거대한 태풍이 된다.
2003년의 허리케인 이자벨(Hurricane Isabel)

다는 내용까지 들어 있다고 한다. 수많은 기상위성이 떠도는 하이테크 시대임을 자랑하는 지금도 여전히 폭풍을 추적하는 인간들은 존재한다. 스톰 체이서들은 라디오나 휴대전화를 들고 사나운 폭풍이 나타나는 곳이면 어디든 찾아가서 그것의 움직임과 방향을 예측하고 조직적으로 인류에게 위험을 알리는 '인간 폭풍계'들이다.

워런 페이들리Warren Faidley는 전 세계에 흩어져 있는 그들 중에서 공인된 스톰 체이서다. 그의 직업은 이색적이게도 폭풍 전문 사진가. 봄에는 회오리바람을 찾아 중서부로, 여름에는 번개가 동반된 바람을 찾아 남서부 사막으로, 초가을을 넘어갈 때면 허리케인을 찾아 멕시코 만 근처로 여행한다. 해마다 평균 100개의 폭풍을 추적하면서 '자연의 위력'을 사진에 담아 사람들에게 전한다. 워런 페이들리는 〈트위스터〉의 초기 기획 단계에서부터 자문을 담당했다고 한다.

태풍과 토네이도는 뭐가 다를까

우선 이 영화에 대해 이야기하기 전에 짚고 넘어가야 할 것이 있다. 도대체 이 영화에 등장하는 토네이도는 태풍과 어떻게 다른 것일까? 또 회오리바람과는 어떻게 다른 것일까? 태풍은 바다에서 발생하는 열대성 저기압인데, 발생하는 바다에 따라 태풍, 허리케인, 사이클론으로 불린다. 수온이 27℃ 이상 되는 위도 5~10도의 따뜻한 바다에 높이 1만 2000미터 정도 되는 깔때기 모양의 거대한 적운이 만들어지면서 태풍은 태동한다. 깔때기의 높은 곳에서는 공기의 흐름이 밖으로 뿜어져 나가고 밑으로부터는 다시 많은 공기가 빨려 들어간다. 지구의 자전은 이 거대한 공기 기둥을 회전시켜 태풍을 만든다.

토네이도는 강력한 상승 기류를 가진 격렬한 저기압성 폭풍이다. 태풍과 다른 점은 내륙 지방에서 발생한다는 것인데, 주로 미국에서 발생한다. 지름은 태풍의 1000분의 1밖에 안 되지만 중심 부근에서는 풍속이 100m/s 이상 되는 일도 있고 중심 진로에 있는 지물을 맹렬한 기세로 감아올리기 때문에 파괴력은 태풍보다 더 세다. 우리가 '회오리바람'이라고 부르는 것은 저기압 핵심 주위에서 급하게 회전하는 공기 기둥으로, 토네이도와 유사하지만 훨씬 작고 강도나 파괴력도 약하다.

영화 속 토네이도의 진실 혹은 거짓

〈트위스터〉의 마지막 장면에서 주인공 빌과 조는 도로시 센서 장치를 토네이도의 중심에 밀어넣고 온몸으로 토네이도의 강풍을 견뎌낸다. 그들은 쇠파이프를 꼭 잡고 몸을 묶어 의지한 채 강도 5급 토네이도의 중심에서 목숨을 건진다. 실제로 토네이도의 파괴력과 에너지는 얼마나 될까? 이런 일은 과연 가능할까?

바다에서 발생하는 태풍의 위력은 평균 원자폭탄 몇 개의 에너지와 맞먹는다. 태풍이 불과 1분 사이에 방출하는 힘은 미국이 50년간 사용하는 전력에 해당한다고 한다. 토네이도는 태풍보다 더 막강한 파괴력을 가지고 있다. 1931년 미국 미네소타 주에서는 117명을 실은 83톤의 열차를 토네이도가 감아올렸다는 보고도 있다. 강도 5급 토네이도의 중심에서 쇠파이프에 몸을 묶어 살아남는 일은 영화 속의 주인공만이 누릴 수 있는 특권이다. 유조차마저 마구 날려버리는 상황에서 주인공이 탄 트럭은 바로 앞에서도 아무 일 없다. 이것 역시 주인공만이 얻을 수 있는 혜택이다. 개런티를 조금 덜 받은 배우였더라면 걷잡을 수 없는 용오름에 순식간에 날아가버렸을 것이다.

주인공들이 왜 원격 조종이 가능하도록 '폭풍 예측 장비'를 만들지 않았는가 하는 것은 매우 의아한 대목이다. 굳이 위험을 무릅쓰고 기상학자들이 토네이도 앞에까지 가서 장비를 밀어넣고 와야 하는 상황은 영화의 극적 효과를 높이기 위해 마련된 장치로 보인다.

영화에는 단 며칠 동안 토네이도가 대여섯 번 등장한다. 어느 영화 잡지에서는 이 점을 이 영화의 '옥에 티'라고 했는데, 과연 그럴까? 토네이도는 태풍과는 달리 집단적으로 발생한다고 한다. 토네이도의 발생 조건은 정확히 알려져 있지는 않지만, 미국의 로키 산맥 동쪽과 특히 미시시피 강 중앙 평원에서는 빈번하게 발생해서 1년에(특히 5월 근처에 집중적으로) 150회나 발생한다고 한다. 영화 역시 미국 중부 지방을 배경으로 한다.

영화에 등장하는 토네이도의 회전 방향을 살펴보면, 일정하게 시계 반대 방향으로 돌고 있는 것을 관찰할 수 있다. 교과서에서 배운 '코리올리 힘'을 관찰할 수 있는 기회다. '코리올리 힘'은 당구에 관한 수학적인 이론으로 유명한 프랑스의 공학자 코리올리가 탄도학을 연구하면서 생각해낸 관성력이다. 지구는 항상 동쪽으로 자전하고 있다. 따라서 만약 북극에서 적도 쪽으로 대포를 쏜다면 대포는 약간 오른쪽으로 비켜 떨어질 것이다. 이 현상을 누군가 지구 밖에서 본다면 포탄은 정확히 남쪽으로 날아갔으나 지구가 동쪽으로 자전하는 바람에 약간 오른쪽으로 치우쳤다는 것을 알 수 있지만, 지구상에서 관찰한다면 포탄이 마치 힘을 받아 휜 것처럼 느낄 것이다. 실제로 존재하는 힘은 아니지만, 지구가 자전하기 때문에 생기는 이 관성력이 코리올리 힘이다. 그래서 북반구에서는 토네이도가 반시계 방향으로 회전하고, 남반구에서는 시계 방향으로 회전하게 된다.

특수효과가 만들어낸 토네이도가 매혹적인 이유

〈트위스터〉에서 특수 효과는 영화를 구성하는 가장 중요한 요소다. 관객들은 도대체 어떻게 이렇게 실감 나게 토네이도를 촬영할 수 있었을까 의아해한다. 물론 영화 속의 토네이도는 실제로 촬영한 것이 아니라 컴퓨터로 만들어낸 것이다. 토네이도를 스크린상에 만들어내는 일은 결코 쉬운 일이 아니다. 토네이도는 수시로 그 모양이 변하기 때문에 다른 영화들처럼 하나의 모델이나 미니어처로 만들 수가 없다. 일일이 컴퓨터를 이용해서 그려야만 한다. 조지 루카스^{George Lucas}가 이끄는 ILM은 25분간의 토네이도 장면을 만들기 위해 17조 바이트의 메모리를 사용했다고 한다.

〈트위스터〉 촬영 팀은 보잉 707기 제트 엔진에서 강풍을 뿜어내고 40피트 트레일러 뒤에 설치한 얼음 분쇄기에 커다란 얼음을 집어넣어 자잘한 우박을 만들어냈다. 그러고는 우박과 바람을 나뭇조각, 이파리 등과 함께 만들어 뿌려대면서 촬영을 했다. 촬영 팀은 작은 폭풍을 만들어내

실제 촬영을 하고, 나중에 컴퓨터 그래픽으로 더욱 거대한 폭풍을 만들었다. 허공을 나는 소나 자동차 장면들은 ILM의 컴퓨터 합성 이미지로 만들어낸 것이다.

〈트위스터〉의 특수 효과는 우리에게 새로운 차원의 '리얼리즘'을 제공한다. 예전에는 특수 효과가 관객들에게 판타지를 보여주었으나 이제는 리얼리즘을 보여준다. 이제 가장 훌륭한 특수 효과는 실재하지 않는 상황을 진짜처럼 보여주는 것이 아니라, 우리가 잘 알고 있는 실제 상황을 리얼하게 그려냄으로써 특수 효과를 전혀 사용하지 않은 것처럼 장면을 구성하는 것이다.

시나리오를 쓴 마이클 크라이튼과 그의 아내 앤마리 마틴^{Anne-Marie Martin}은 자연재해가 가져온 대혼란의 비극을 이렇듯 특수 효과로 말끔히 포장해서 신나는 스릴로 바꾸어놓았다. 그는 〈쥬라기 공원〉에서 공룡들에게 무참히 밟힌 과학에 대한 신뢰를 〈트위스터〉에서 어느 정도 회복해주고 싶었던 것 같다. 쥬라기 공원이라는 모형 생태계를 통제한다는 것이 얼마나 힘든 일인가를 보여주면서 카오스 시스템인 자연을 예측한다거나 통제하는 일이 불가능하다는 것을 역설했다. 그러나 〈트위스터〉에서는 어느 정도 그 꿈을 실현했다. 주인공 빌은 토네이도의 진로를 미리 예측할 수 있는 능력을 가졌다. 그리고 끝내는 토네이도의 정체를 밝힌다. 가장 대표적인 혼돈 시스템인 '날씨', 그중에서도 가장 파괴적이면서 예측 불가능한 토네이도가 기상학자들에 의해 예측 가능한 시스템으로 바뀌어버린 것이다.

또 특수 효과는 토네이도를 스크린 위에 그대로 복제해놓음으로써 과학 대 자연이란 이분법의 의미를 상실케 만들었다. 다시 말해 과학이 자연의 기능을 대행하고, 자연의 혼돈을 과학이 재생산하게 된 것이다. '신의 분노'라고 불리는 토네이도는 영화에서 '신의 짓궂은 장난'으로 미화되고, 다시 '컴퓨터의 장난'으로 현실화된다. 다스려지지 않은 에너지를 대기 중에 흩뿌리며 광대한 대륙에 죽음과 파괴만을 안겨주던 토네이도는 스크린 위에서 안전하고 실감 나면서 아름다운 소용돌이로 바뀌었다.

어벤져
날씨를 마음대로 조작한다?

하루에도 몇 번씩 열대와 극지방을 오가는 날씨 변화에 사람들의 일상은 마비 상태가 된다. 전 세계를 대상으로 '날씨 조작'이라는 무모한 도박을 벌이는 인물은 전직 영국 첩보요원 어거스트 드 윈터(숀 코너리). 그를 막기 위해 첩보요원 존 스티드(랠프 파인즈)와 기상학자 엠마 필(우마 서먼)이 한 팀을 이룬다. 그렇게 재미있는 영화는 아니지만 독특한 스타일과 상황 설정이 눈에 띄는 영화 〈어벤져^{The Avengers}〉는 날씨도 파괴적인 무기가 될 수 있다는 것을 뼈저리게 느끼게 해주는 영화다.

'기상 제어'가 가장 발달한 나라는 미국과 일본인데, 특히 미국은 냉전 시대에 소련의 기상 제어 기술에 자극 받아 급속도로 연구를 진척시킨 상태다. 한때 폭격기를 이용해서 허리케인 속에 드라이아이스를 뿌려 허리케인의 세력을 약하게 하는 실험을 했다가, 진로가 갑자기 바뀌는 바람에 예상치 않은 지역에 피해를 입히기도 했다.

기상 제어의 원리는 의외로 간단하다. 비나 눈이 올 듯 말 듯한 구름에 자극을 가해 원하는 기상 상태를 만드는 것이다. 구름은 매우 작은 물방울의 집합체인데, 빙점 아래에서도 얼지 않고 액체 상태를 유지하는 이 물방울을 '과냉각 구름 입자'라고 부른다. 수분을 듬뿍 머금은 구름에 드라이아이스나 액화탄산, 요오드화은 등을 뿌려서 급격히 온도를 낮추면, 과냉각 구름 입자가 얼어 '빙정(얼음 결정)'이 된다.

빙정을 중심으로 다른 구름 입자가 잇달아 흡수되면 점점 무거워져 눈이나 비가 되어 지상으로 떨어진다. 따라서 드라이아이스나 액화탄산을 이용하면 필요한 곳에 알맞은 양의 눈이나 비가 오게 할 수 있다.

또 비나 눈의 피해를 줄일 수도 있다. 예를 들어 마을에 폭설이 예상된다고 치자. 구름 속에 빙정의 수가 많을수록 눈 입자는 작아지고 눈의 낙하 속도는 느려진다. 또 가벼운 만큼 바람에도 잘 날린다. 따라서 마을 상공의 구름에 드라이아이스나 액화탄산을 뿌려 빙정 수를 늘리고 눈 입자를 작게 만들면 마을에 내릴 눈을 산 쪽으로 옮길 수 있다.

또 지상에 낮게 깔린 물방울 입자를 액화탄산으로 동결시켜 커지게 만들면 뿌연 안개를 없앨 수도 있다. 이 방법은 교통사고를 줄이는 데 도움이 될 것이다. 반대로 '기상 제어' 기술은 상대 적국에 기상 재해를 불러일으켜 큰 피해를 주는 전쟁 무기로 악용될 수도 있다. 그 피해는 상상할 수 없을 만큼 막대할 것이다.

기상 제어는 함부로 실험하기 어려운 문제점을 안고 있지만, 원리가 간단하고 그 혜택이 어마어마해서 그에 대한 연구가 앞으로 계속 진행될 것임에 틀림없다.

Cinema
26

'복잡성의 과학' 으로
공룡의 멸종을 설명한다

잃어버린 세계
The Lost World

사람들이 놀이동산을 찾는 이유는 다양한 놀이기구들에서 안전한 위험을 즐기기 위해서다. 하루에도 수백 번씩 출발하는 청룡열차는 한 치의 오차도 없이 교묘하게 꼬인 레일 위를 따라 안전하게 플랫폼으로 돌아온다. 한 바퀴 회전을 할 때도 사람들이 떨어지는 법은 없다. 그것은 아이들이 멋대로 꼬아놓은 것처럼 보이는 레일이 실은 뉴턴이 발견한 힘의 법칙들과 에너지 보존 원리를 토대로 정교하게 설계된 것이기 때문이다. 열차는 정해진 경로를 따라 움직이고, 정해진 위치에서 마찰력의 도움으로 멈춘다. 바이킹도 마찬가지다. 예정된 순서대로 진동은 증폭되었다가 다시 제자리에 안전하게 선다. 우리는 바이킹에 탄 아이들의 비명 소리까지도 예측할 수 있다. 뉴턴이 만약 살아 있다면, 놀이동산을 보면서 매우 흐뭇해했을 것이다. 정교하게 움직이는 기계 장치들과 그것들이 맞물려 내는 기계 소음은 이성과 과학으로 자연을 통제하고 세계를 재창조하고자 했던 데카르트적인 분위기를 한층 고조시킨다. 20세기 포스트모더니즘의 산물로 해석되는 테마 파크가 근대 과학으로 구축된 모조 세계라는 사실은 매우 아이러니하다.

SF 소설의 거장이 만들어낸 두 번째 공룡 테마 파크

인류학과 의학, 생물학, 물리학 등 과학 전반에 상당한 지식을 가지고 있던 과학 소설가 마이클 크라이튼은 20세기형 놀이동산에 관한 야심찬 꿈을 꾸었다. 정해진 운동을 반복하는 기계들을 대신할 놀이동산의 테마로 그가 생각한 것은 6500만 년 전에 멸종한 공룡들이었다. 그는 공룡들을 하나씩 부활시켜 코스타리카의 누블라 섬에 몰아넣고 쥬라기 시대를 재현하고자 했다. 20세기형 놀이동산이 동물원과 다른 점은 철조망을 걷어내고 우리를 없앴다는 점이다. 영화 〈쥬라기 공원〉의 목표는 케냐의 나이로비 야생 동물원보다 훨씬 더 정교하게 공룡들을 통제하고, 인간들을 보호하는 일이다. 그렇지 않으면 아이들과 부모들은 섬의 경치를 즐기기도 전에 난폭한 공룡들의 먹이가 될 테니 말이다.

그는 공룡들을 통제하고 사육해서 관광 사업을 벌이려는 해먼드 박사의 야심이 본질적으로 자연의 법칙에 위배된 것임을 〈쥬라기 공원〉에서 보여주었다. 자연은 비선형적이고 예측 불가능한 혼돈계이기 때문에 완전히 통제한다는 것은 불가능하다는 현대 과학의 이론(특히 카오스 이론)을 '쥬라기 공원의 파멸'을 통해 보여주고자 했던 것이다.

〈쥬라기 공원〉의 속편인 〈잃어버린 세계〉는 생명의 진화와 멸종에 대한 우주적 시나리오라는 거창한 주제로 우리 앞에 나타났다. 마이클 크라이튼은 공룡들의 번식, 진화 그리고 멸종의 과정을 컴퓨터 모니터에서 끊임없이 사라졌다 나타나는 라이프 게임의 패턴에 비유하면서, 현대 과학의 마지막 혁명으로 불리는 '복잡성의 과학Science of the Complexity'을 이야기한다.

전편 〈쥬라기 공원〉에서 인젠 사의 해먼드 박사는 호박 속에 든 곤충의 위장 내용물로부터 공룡의 DNA를 추출해서 공룡을 복제했다. 〈쥬라기 공원〉에는 모기로부터 공룡의 DNA를 추출해서, 어린 공룡들이 알을 깨고 부화하는 부화실 장면이 상세하게 나온다. 영화 속 주인공들뿐 아니라 관객들도 새끼 공룡의 탄생에 놀라움을 금치 못했다.

그러나 이상한 점은 부화실이 전혀 문제없이 잘 돌아가고 있다는 사실이다. 사산이나 기형 같은 문제는 전혀 보이지 않았고, 모든 수정란들은 하나씩 새끼 공룡으로 태어나고 있었다. 그런데 이런 일은 일어날 수 있을까? 아무리 고도의 기술이라 할지라도 초기 수확률은 낮을 수밖에 없다. 한 마리의 공룡을 탄생시키기 위해 수천 개의 공룡 수정란이 필요한 것은 당연한 일이다. 그렇다면 거대한 산업 공정 과정이 반드시 있어야한다.

〈잃어버린 세계〉는 여기에서 시작된다. 쥬라기 공원이 사고로 폐쇄된지 4년 후, 해먼드 박사가 누블라 섬에서 조금 떨어진 소르나 섬에 공룡 생산 공장을 두고 공룡들을 만들었다는 사실이 밝혀진다. 그는 그동안 공룡들이 섬에서 자유롭게 생활하도록 두면서 공룡들의 생태계를 관찰하고 있었다. 전편과는 달리, 해먼드는 공룡들을 자연 세계에서 순수하게 보존하자는 입장이지만, 인젠 사의 부회장은 샌디에이고에 쥬라기 공원을 세울 계획을 하고 있다. 소르나 섬에 태풍이 밀어닥쳐 설비가 파괴되자, 해먼드는 맬컴 박사에게 상황을 파악해달라고 요청한다. 섬으로간 맬컴 박사는 공룡들을 생포해서 샌디에이고로 수송하려는 공룡 사냥꾼들의 음모와 싸운다. 공룡 사냥꾼들은 기어코 티라노사우루스와 그 새끼를 생포해서 샌디에이고로 향하지만, 티라노사우루스는 평화로운 도시를 쑥대밭으로 만든다.

복잡성의 과학, 공룡의 멸종을 다시 설명하다

공룡들은 약 2억 8000만 년 전인 트라이아스기에 생겨나, 쥬라기와 백악기를 거치면서 2억 년이 넘게 지구를 지배했다. 그러다가 백악기말, 약 6500만 년 전에 공룡들이 멸종되었다는 것은 오래전부터 알려진 사실이다. 그러나 공룡이 왜 멸종했는지는 아직까지 논쟁이 되고 있다. 1980년 물리학자 루이스 월터 앨버레즈Luis Walter Alvarez와 세 명의 공동 연구자들은 백악기 말과 제3기 초 시대의 바위들에 이리듐이 고밀도로 농축되어 있다는 것을 발견했다. 이리듐은 지구상에는 희귀하지만, 운석에는 흔하게 발견되는 원소다. 앨버레즈 팀은 그 시대의 바위에 이리듐이 많이 존재한다는 사실은 지름이 수 마일에 이르는 거대한 운석이 그 당시 지구와 충돌했음을 시사하는 것이라고 주장했다. 지구와 운석의 충돌로 인해 먼지와 파편이 하늘을 뒤덮어 온 세상이 캄캄해졌고, 식물들의 광합성은 중지되었으며, 그로 인해 식물들뿐 아니라 동물들도 멸종하게 되었다는 것이다. 그 밖에도 공룡의 멸종에 대해 많은 가설들이 제기되어 왔다.

그러나 마이클 크라이튼은 자신의 책《잃어버린 세계》에서 새로운 주장을 펼친다. 공룡의 멸종에 관한 이론들은 화석 기록에 기초를 두고 있다. 그러나 화석 기록은 오랜 과거에 대한 한순간의 모습을 담고 있는 얼어붙은 사진과 같다. 실제로 움직이고 계속되는 생생한 과거의 상황을 보여주지는 못한다. 그래서 사람들은 멸종이라는 극적인 변화를 물리적인 사건들과 관련지어 생각해왔다. 어떤 외적이고 물리적인 사건이 멸종의 원인이 되었다는 것이다. 운석이 지구에 부딪혀 기후를 바꾸어버렸다거나, 화산 폭발이 기후를 바꾸었다거나, 식물이 변해서 종들이 굶어 죽었다는 식이다. 아니면 새로운 병이 생겼거나, 식물이 독성을 가지게 되어 공룡들이 다 죽었다고도 한다.

그러나 생명의 멸종은 생각하는 것보다 훨씬 보편적인 사건이다. 생명이 시작된 이래 지구상에는 약 500억 종이 있어왔다고 추정된다. 그러나 현재 지구상에는 겨우 5000만 종의 식물과 동물들만이 살아 있다. 지금까지 살았던 모든 종들 가운데 99.9퍼센트는 멸종했다는 것이다. 그렇다면 그 많은 생명체들이 운석이나 질병에 의해 멸종되었다는 말인가? 혹시 멸종이 우발적인 사건이 아니라 생명의 자연스런 패턴은 아닐까? 다시 말하면 생명이 환경에 맞춰 스스로 발생해서 진화하고 번성하는 것처럼 멸종도 자연스런 행동 양식이 아닐까 하는 것이다. 이러한 생명의 패턴을 뒷받침해주는 이론이 복잡성의 과학이다.

우리가 6500만 년 전에 '잃어버린 세계', 소르나 섬의 공룡 생태계는 우리에게 무엇을 말해주는 것일까? 공룡들이 섬에서 4년 만에 완벽한 생태계를 이루며 살고 있다는 사실은 그들이 환경에 적응하는 생명의 기본 질서를 잘 따르고 있다는 것을 의미한다. '인공 생명' 분야를 개척한 크리스토퍼 랭턴^{Christopher Langton}에 따르면, 생명은 변화에 대한 요청과 안정의 유지 사이에서 균형을 맞추며 살아간다고 한다. 만약 심한 변화와 혼돈의 상태가 되거나, 반대로 변화가 없고 안정된 상태로 고정된다면, 살아 있는 시스템은 혼돈과 함께 해체되거나 획일적으로 얼어붙어 멸종하게 된다는 것이다. 생명체들이 환경의 다양한 변화에 적응하면서 스스로에게 좀 더 복잡한 적응 능력을 부여하고, 혼돈과 안정 사이에서 균형을 맞춰가며 살아가는 생명의 영역을 '혼돈의 가장자리'라고 부른다. 다시 말해 생명은 혼돈과 안정 사이에서 유지된다는 것이다.

마이클 크라이튼의 주장은 이렇다. 6500만 년 전 '중생대의 생태계'라는 복잡 적응계에서 한 무리의 공룡들이 혼돈의 가장자리를 넘어 적응 능력을 잃고 생명이 위태로워졌다고 가정해보자. 거기에는 소행성과의 충돌이나 질병은 등장하지 않아도 된다. 그건 그저 갑자기 나타나는 생명의 속성일 뿐이고, 그 무리의 공룡들에게 치명적인 것으로 판명되었을 뿐이다. 만약 그 공룡들이 습지에 뿌리를 내리고 있는 놈들이라면, 그들의 행동 변화로 물의 순환이 바뀌게 되고, 다른 종들이 의존하는 생태계는 순식간에 파괴될 수 있다. 생태계의 불균형은 급속도로 되먹임 되어 그들은 전멸에 이르게 될지도 모른다. 그것 또한 놀라운 생명의 속성이니까.

마이클 크라이튼은 공룡들이 자기 조직화 과정 속에 내재된 속성에 의해서 스스로 멸종하였다는 구체적인 증거를 제시하지는 않았다. 만약 물리적인 사건 없이 소르나 섬의 공룡들이 멸종하게 된다면, 그것은 훌륭한 증거가 될 수 있을 것이다. 하지만 멸종은 몇 년의 관찰로 목격할 수 있는 사건이 아니다. 그가 명확히 보여준 것은 공룡의 멸종 과정이 아니라, 소르나 섬의 공룡 생태계가 전형적인 복잡 적응계의 양상을 보인다는 사실이다. 영화는 공룡들이 초식동물과 육식동물, 강한 자와 약한 자가 공생하면서, 섬의 구역을 나누어 생활하고 있는 모습을 다양하게 보여준다. 선대 조상 공룡들의 오랜 적응 과정이 학습되지 않은 상태에서 그들은 어떻게 쉽게 적응해 살아가고 있었을까? 소르나 섬의 공룡 생태계는 어느 시스템 못지않게 자기 조직화하는 복잡 적응계인 것이다. 그렇다면 멸종의 가능성도 창발될 수 있지 않을까?

영화에 담긴 공룡에 대한 생생한 정보들

과학자들에게는 실망스럽게도, 영화 〈잃어버린 세계〉에는 복잡성의 과학과 생명의 진화에 대한 은유를 전혀 찾아볼 수 없다. 시나리오를 쓴 데이비드 코엡David Koepp은 어떤 꼬마 팬으로부터 이런 편지를 받았다고 한다. "작가 아저씨, 이번엔 제발 지루한 부분들은 줄여주세요. 공룡들을 빨리 볼 수 있게요." 그는 작업 내내 그 편지를 책상 앞에 붙여놓았다고 한다. 덕분에 이 영화는 공룡에 대한 실감 나는 묘사에 초점이 맞춰진 듯하다. 스탠 윈스턴Stan Winston이 만든 모형과 ILM의 컴퓨터 그래픽은 전편보다 더욱 다양한 공룡들을 생생하게 보여준다. 특히 사냥꾼들이 파키케팔로사우루스Pachycephalosaurus를 생포하는 장면과 콤피(프로캄프소그너서스Procompsognathus의 약칭, 수탉처럼 뒷발로 뛰어다니는 작은 육식성 공룡)가 사람을 집단 공격하는 장면, 수풀에서 카르노사우루스Carnosaurus가 사람들을 덮치는 장면은 공포스런 분위기와 사실감이 동시에 어우러진 명장면들이다.

공룡의 움직임에 대한 실감 나는 묘사뿐만 아니라, 고고학적으로 추정되는 공룡들의 습성까지도 영화는 상세히 묘사하고 있다. 이 영화의 백미라고 할 수 있는 트레일러 장면이 그 대표적인 예다. 티라노사우루스가 자신의 새끼를 훔쳐간 주인공들의 트레일러를 벼랑 끝으로 밀어내는 이 장면에서 티라노사우루스의 포악한 육식동물적인 습성을 엿볼 수 있다. 티라노사우루스는 본능적으로 자신의 영토를 표시하고 방어한다. 영화에서도 맬컴과 하딩 박사가 어린 티라노사우루스를 옮기자 어미는 새끼를 찾기 위해 필사적으로 덤비고, 새끼가 발견된 빈 터를 자신의 영토로 재규정해서 박사의 트레일러를 밀어냄으로써 그들의 영토를 방어한다.

고생물학자 록스턴에 따르면, 티라노사우루스의 두개골을 연구해보았더니 개구리의 뇌와 별로 다를 게 없는 원시적인 뇌를 가졌다고 한다. 즉 그들의 신경 시스템이 움직임에만 반응하도록 되어 있어서, 개구리처럼 정지하고 있는 물체를 보지 못한다는 것이다. 영화에서도 사람들은 티라노사우루스가 나타나자 그 자리에 꼼짝하지 않고 서서 놈이 사라지길 기다린다. 그러나 이 장면은 고고학자들에게 논쟁거리가 될 수 있다. 티라노사우루스 같은 거대한 육식동물이 움직이는 물체만 볼 수 있고, 정지해 있는 먹이를 볼 수 없다는 것은 쉽게 납득할 수 없는 것이다. 피식자의 가장 일반적인 방어가 꼼짝하지 않고 서 있는 것이기 때문에, 육식동물이 살아남기 위해선 그걸 볼 수 있어야 한다는 주장도 만만치 않다.

영화는 공룡들을 소르나 섬으로 다시 안전하게 보내고, 그들을 자연 그대로 보존해야 한다는 해먼드 박사의 내레이션으로 끝을 맺는다. 자연을 보호해야 한다는 평범한 주장이 이 영화에서 새롭게 들리는 것은 '복잡성의 과학'이 보여주는 생명의 패턴에 있다. 인간은 그동안 지구의 환경을 점점 획일화해왔다. 서울과 뉴욕과 도쿄는 똑같은 빌딩 숲이 되어버렸고, 매스미디어와 인터넷은 인간의 삶을 하나의 양식으로 옭아매었다. 전 세계를 하나의 전선으로 묶으려는 노력은 우리를 멸종으로 치닫게 할 수도 있다. 하나로 얼어붙은 환경 속에서 과연 우리가 풍성하고 다양한 생명의 패턴을 이어갈 수 있을까? 풍부한 다양성을 지닌 생태계를 파괴하는 우리의 행동이 스스로를 혼돈의 가장자리를 넘어서게 만드는 것은 아닐까?

지구상에는 다섯 번의 큰 멸종이 있었다. 공룡들을 죽인 백악기의 멸종은 특히 우리의 관심을 끌지만, 트라이아스기와 쥬라기 말기에도 멸종은 있었다. 특히 바다와 육지에 사는 생명의 90퍼센트를 죽여버렸다는 페름기의 멸종은 생각만 해도 끔찍하다. 어쩌면 인간이 여섯 번째 멸종의 주인공이 될지도 모른다. 변화와 안정의 균형에서 생명의 다양한 속성을 이어 나갈 때 우리들은 이 세계를 잃어버리지 않을 것이다.

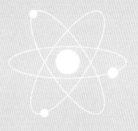

PART 03

영화가 과학에 묻다

황폐한 도시, 기계의 노예가 된 사람들,
영화가 상상한 미래가 과학에게 묻는다.
과학 기술의 발전은 우리에게 어떤 영향을 미칠 것인가?
오늘의 과학을 향유하는 우리 모두에게 던져진
과제에 답하다.

인간이 되고 싶은 로봇

바이센티니얼 맨
Bicentennial Man

로봇은 거울에 비친 자신의 모습을 보면 어떤 반응을 보일까? 이 흥미로운 질문과 관련해 실제 있었던 에피소드로 〈바이센티니얼 맨〉에 등장하는 로봇 이야기를 시작할까 한다. 1999년 11월 미국의 과학 잡지 〈디스커버〉에는 MIT 박사과정 학생 신시아 브리질Cynthia Breazeal이 만든 로봇 '키즈멧Kismet' 이 소개됐다. 기사 제목은 '인간을 사랑하게 된 로봇'.

키즈멧이 불러일으킨 인공지능에 관한 근본적 질문

수학자인 아버지와 컴퓨터공학자인 어머니 사이에서 태어난 신시아는 어렸을 때부터 〈스타 워즈〉와 〈스타 트렉〉을 즐겨 보며 자랐다. 그녀는 〈스타 워즈〉에 나오는 R2D2 같은 로봇을 만들고 싶어서 MIT 대학원에 진학했고, '인공지능' 분야의 아버지 로드니 브룩스 교수 실험실로 들어가 인공지능 로봇을 만드는 일에 참여했다. 로드니 브룩스는 '현존하는 가장 지적인 로봇' 중 하나인 곤충 로봇 '코그'의 지능을 향상시키는 알고리즘을 개발하고 있었는데, 갓 입학한 박사과정 학생인 신시아가 보기에 코그는 똑똑하긴 하지만 인간미가 있어 보이진 않았다. 그래서 그녀는 인간미가 느껴지는 로봇을 만들기로 결심하고 1997년부터 2년여에 걸쳐서 노력한 끝에 키즈멧을 탄생시켰다.

신시아는 키즈멧에게 세 가지 욕구를 주었다. 첫 번째는 사회적 욕구로서, 움직이는 물체가 나타나면 어떤 물체인지 인식해서 인간의 얼굴을 하고 있으면 쫓아가 말을 걸고 친해지고 싶어하는 욕구다. 두 번째는 자극을 추구하는 욕구로서, 가만히 있는 걸 싫어해서 혼자 있을 땐 장난감 같은 걸 가지고 놀도록 만들었다. 세 번째는 이런 욕구들이 충족되면 피곤해서 자는 수면 욕구다. 그것도 지정된 자리에서 이불까지 덮고 말이다.

〈디스커버〉에 키즈멧에 대한 기사가 나가자 독자들의 반응은 폭발적이었다. 독자 엽서가 쇄도하는 가운데 한 독자가 이런 질문을 보냈다.

"인간의 얼굴을 감지할 수 있어서 인간을 보면 쫓아간다고 했는데, 키즈멧 얼굴도 사람이랑 비슷하게 생겼잖아요. 그렇다면 키즈멧은 거울에 비친 자신의 얼굴을 보면 어떤 반응을 보이나요?"

〈디스커버〉는 이 질문을 곧바로 신시아에게 건넸고, 다음 호에 신시아의 답장이 실렸다. '키즈멧은 거울에 비친 자기 모습을 보면 인간이 아니라고 판단해서 쫓아가지 않고 돌아서버린다'는 내용이었다. 만약 거울에 비친 자기 모습에 반응한다면 거울을 지날 때마다 멈춰 설 것이므로 그렇게 하지 못하도록 프로그램 해둔 것이다. 키즈멧은 인간을 가장 중요한 존재로 판단하도록 프로그램 되어 있기 때문에 자신조차 그저 '인간이 아닌 존재'로만 판단하고 외면하도록 만들어진 것이다.

영화, 인간과 로봇의 차이를 묻다

인간을 사랑하기 위해 자신을 외면하는 로봇 '키즈멧'에 비하면, 〈바이센티니얼 맨〉의 주인공 로봇 '앤드루'(로빈 윌리엄스)는 행복한 로봇이다. 인간처럼 피부를 씌우고 인공 장기를 이식하는 수술 도중 거울에 비친 자신의 모습을 보며 놀라 소리치는 앤드루의 모습은 영화 속 로봇(앤드루)이 현실의 로봇(키즈멧)과 얼마나 멀리 떨어져 있는가를 단적으로 보여주는 장면이다. 그는 인간과 다르게 생긴 자신의 모습을 싫어했고 인간을 닮고 싶어했으며 결국 그 꿈을 이루었다.

크리스 콜럼버스Chris Columbus가 감독한 〈바이센티니얼 맨〉은 아이작 아시모프의 원작 소설 《양자 인간The Positronic Man》을 영화화한 작품이다. 아서 클라크, 로버트 하인라인Robert A. Heinlein과 함께 SF 소설의 3대 거장으로 손꼽히는 아시모프는 컬럼비아 대학에서 생화학 박사학위를 받고 보스턴 인간을 인간이게 만드는 것은 과연 무엇인가?

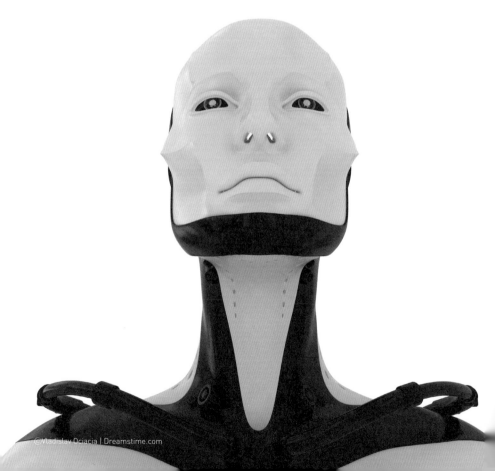

의대 교수를 지내기도 했으며, 19세에 SF 작가로 등단해 1992년 세상을 떠나기 전까지 무려 500여 권의 책을 쓴 다작 작가로도 유명하다.

그의 작품 중에서도 《바이센티니얼 맨》은 로봇 소설의 걸작으로 손꼽힌다. 1976년 중편으로 처음 발표된 이 소설은 이듬해 SF 문학계 최고 권위의 상인 휴고 상과 네뷸러 상을 석권했으며 1993년 장편 소설 《양자 인간》으로 개작됐다.

영화는 로봇 제조 회사 로보틱스에서 로봇을 대량생산하는 생산 라인을 보여주는 장면으로 시작된다. 가사용 안드로이드 NDR-114(애칭 앤드루)를 구입한 마틴 가족은 로봇에게 여러 가지 가사를 시키는 도중, 다른 로봇과는 달리 앤드루가 창조력과 학습 능력을 가지고 있다는 사실을 우연히 알게 된다. 조금씩 인간을 닮아가는 앤드루는 어느 날 자유를 달라며 마틴 가족을 떠나고, 자신을 설계한 로봇 기술자의 아들인 루퍼트 번즈를 만나 자신을 인간처럼 만들어달라며 자금을 댄다.

앤드루는 평소 아끼고 섬기던 마틴 씨의 막내딸 '작은 아씨'가 세상을 떠난 뒤 그녀의 손녀 포샤와 사랑에 빠진다. 앤드루는 그녀와 결혼하기 위해 의회에 결혼신청서를 내지만 인간이 아니라는 이유로 거절당한다. 이유는 아무리 지적인 능력을 가졌다 하더라도 영원한 생명을 가지고 있는 한 인간이라고 보기 어렵다는 것. 그는 번즈에게 자신의 몸을 '늙어 죽도록' 프로그램 해달라고 부탁한 뒤 다시 의회를 찾는다. 세계의회는 마침내 앤드루를 인간으로 인정하고 포샤와의 결혼을 법적으로 허용한다. 그러나 앤드루는 그 소식을 듣지 못한 채 200살 생일에 포샤의 손을 잡고 죽음을 맞이한다.

영화는 원작 소설과 다른 점이 몇 군데 있는데, 특히 원작에서 감동을 주었던 '로봇이 자유를 쟁취하는 과정'이 생략돼 있다. 소설에서는 앤드루가 주인에게 자유를 달라고 하자 주인인 마틴은 "로봇 따위가 자유를 원한다는 걸 이해할 수 없다"며 법의 판단에 맡기겠다고 한다. 법정에서 앤드루는 "자유는 오직 인간만이 누리는 것이 아니라 자유를 원하는 자만이 누릴 수 있다"고 주장하며 의회를 감동시킨다. 마침내 의회는 앤드루의 손을 들어준다. "자유라는 개념을 이해할 수 있을 만큼 진보된 정신을 가진 존재라면, 그것이 누구든(혹은 무엇이든) 자유를 박탈해선 안 된다"는 것이다.

'인간 같은' 로봇은 가능한가

〈바이센티니얼 맨〉은 로봇이 정체성에 회의를 품고 '자유와 사랑의 존재' 인간으로 변해가는 과정을 그리고 있지만, 기존의 로봇 영화들에 비해 로봇의 정체성을 평면적이고 평이하게 다루고 있다. 특히 〈2001 스페이스 오딧세이〉의 HAL9000이나 〈블레이드 러너Blade Runner〉의 리플리컨트, 〈로보캅RoboCop〉의 로보캅 등에 비하면 더욱 그렇다.

그럼에도 이 작품이 과학자에게 인상적인 것은 앤드루가 인간으로 변해가는 과정에서 로봇공학 연구를 둘러싼 쟁점들을 엿볼 수 있었기 때문이다. 앤드루는 가사용 로봇에서 어떻게 인간으로 변해가는가? 그는 책을 읽고 스스로 학습함으로써 프로그램 되어 있지 않은 내용들을 배우기 시작한다. 또 음악을 감상하고 호기심과 유머를 배우는 등 인간의 고등

지적 영역이라고 할 수 있는 내용들을 차례로 배운다. 또 얼굴 표정으로 자신의 감정을 표현하게 되고, 자유를 찾아 떠나 혼자만의 '집'을 짓고 정착하며 산다. 그리고 결국 인간을 사랑하고 죽음을 맞이함으로써 온전한 하나의 생명체로서의 삶을 마감한다.

1960년대부터 본격적으로 연구를 시작한 인공지능 과학자들은 오랫동안 컴퓨터의 문제 해결 능력은 '지식의 양'에 좌우된다고 믿었다. 이로 인해 '전문가 시스템'이라는 것이 탄생했는데, 이 시스템은 특정 분야의 전문가가 가진 경험을 일정한 형식으로 프로그램에 입력해 기계에 전달하면 기계도 언젠가는 인간처럼 똑똑해질 수 있다는 아이디어에서 개발된 시스템이다. 그러나 80년대를 풍미한 이 연구 역시 근본적인 문제를 해결하진 못했다. 전문 지식은 컴퓨터로 기계화할 수 있어도, 누구나 알고 있는 상식이나 순간순간 느끼는 감정은 프로그램할 수 없다는 것을 알았기 때문이다(그러나 그것이 더 중요한 능력 아닌가!).

하지만 전 스탠퍼드 대학 교수 더글러스 레너트 박사는 아직도 전문가 시스템에 미련을 버리지 못하고 있다. 그는 '사이크'라는 로봇을 만들어 그의 뇌 속 프로그램에 '해는 아침에 뜬다'와 같은 일상적인 상식을 계속 주입하고 있다. 이 같은 상식에 기초해 정보를 수집하고 스스로 추론할 수 있는 단계까지 이르게 한다는 것이 최종 목표인데, 영화에서 앤드루가 걸어간 길과 비슷하다고 볼 수 있다(창의력이나 호기심이 있다는 것을 빼면 말이다).

로봇이 과연 자신의 존재를 의식하는 능력을 갖게 될 것인가? 이것은 인간의 자의식이 뇌의 생물학적 메커니즘만으로 설명될 수 있는가 하는 문제와 밀접한 관련이 있다. 만약 그렇다면 언젠가는 자의식을 가진 로봇을 컴퓨터 코딩으로 충분히 만들 수 있기 때문이다. 〈바이센티니얼맨〉은 주인과 노예가 아닌 동등한 공생 관계의 인간과 로봇 관계를 보여주면서 로봇이 자의식을 획득하는 과정을 보여주고 있다. 이 영화는 전형적인 로봇 영화이지만 역설적이게도 관객들은 이 영화를 보면서 '우리를 인간이게 만드는 것은 과연 무엇인가'를 끊임없이 되묻는다.

아톰의 생일

언젠가 일본인 친구와 뉴욕에서 지하철을 탔다가 '와이저^{WISOR}'에 관한 이야기를 나눈 적이 있다. 뉴욕 지하철이 오래되다 보니 지하 파이프에 녹이 슬거나 구멍이 생긴 경우가 많아 보수공사를 해야 할 상황이었다. 그런데 지하 온도가 100℃ 가까이 돼 사람이 내려가 고칠 수가 없어 로봇을 고용해 수리하기로 했다고 한다. 무게 350킬로그램에 덤벨처럼 생긴 파이프 수리공 로봇 와이저가 파이프 속을 돌아다니며 구멍 난 곳을 자동 수리한다는 것이다.

이야기를 듣던 일본인 친구는 만약 와이저 개발자가 일본인이었다면 사람 모양으로 만들어 파이프 속을 기어다니게 했을 거라고 웃으며 말했다. 일본 사람들은 비효율적이더라도 로봇을 사람 모양으로 만들려는 경향이 있는데, 친근함을 강조하기 위해서라고 하지만 아무래도 자신은 아톰의 영향 때문인 것 같다면서 말이다.

1952년 일본의 만화가 데즈카 오사무에 의해 탄생된 철완 아톰은 인간이 되고 싶은 로봇이다. 가슴에 하트 모양의 전자 두뇌가 들어 있어 이를 통해 인간처럼 희로애락을 느낄 수 있다. 악당과 싸우다가 목이 졸리면 고통스러워하는 모습까지 인간을 쏙 빼닮았다.

아톰은 흔히 패전의 잿더미 속에서 일본인들을 일으켜 세운 '전후 부흥의 상징'으로 통한다. 핵무기로 대표되는 서구의 과학기술에 무참히 무너진 일본이 '인간의 얼굴'을 한 과학기술을 통해 다시 일어서야 한다는 메시지를 일본인들의 가슴에 새겨놓은 것이다.

원자력 심장을 이용한 10만 마력의 힘, 자유롭게 하늘을 날 수 있는 로켓 분사기, 1킬로미터 안의 모든 소리를 들을 수 있는 귀 등 아톰의 재능은 놀라울 정도지만, 그중에서도 나쁜 사람과 좋은 사람을 한눈에 구분하는 것은 아톰의 가장 큰 매력이다.

전후 일본인들에게 꿈과 희망을 심어주고 과학기술에 대한 관심과 사랑을 불러일으킨 아톰은 '과학 문화의 역할'을 이야기할 때 성공 사례로 자주 인용된다. 실제로 일본이 로봇공학 분야에서 특별히 두각을 나타내고 있는 데는 아톰의 영향이 컸다. 1997년 일본 혼다에서 개발돼 화제를 불러일으켰던 인간형 로봇 아시모ASIMO는 아톰을 만화 밖 현실에서 만나고 싶은 일본인들의 욕망이 만들어낸 산물이다. 몸무게 50킬로그램 정도의 반자동 로봇인 아시모는 인간에 가장 가까운 걸음걸이를 선보여 전 세계를 깜짝 놀라게 했다.

2003년 4월 7일은 만화 속에서 아톰이 태어난 것으로 돼 있는 날이다. 요코하마에서는 4월 3일부터 6일까지 'ROBODEX 2003'이라는 세계 최대 규모의 로봇박람회가 열렸다. 아톰의 고향이라 할 수 있는 데즈카 프로덕션이 위치한 사이타마 현에서는 아톰에게 주민등록증을 발급해주었다. 또 〈아사히신문〉은 지구의 미래와 꿈, 희망을 지켜야 한다는 아톰 선언을 발표하기도 했다. 이렇듯 아톰은 전 세계인들의 가슴에서 인간의 모습으로 오래도록 기억되어왔고 앞으로도 그럴 것이다.

TV 만화를 보다가
발작을 일으킨 일본 아이들

포켓 몬스터
Pocket Monsters

미디어 비평가 마셜 매클루언^{Marshall McLuhan}은 '미디어는 메시지다'
라는 경구를 남겼다. 그는 미디어를 단순히 메시지를 전달하는 수단으로
만 이해하지 않고, 미디어 자체가 새로운 메시지를 창출할 수 있다는 데
에 주목했다. 전달하려는 내용뿐 아니라 사람들이 의사소통에 사용하는
미디어의 성격에 의해 사회는 큰 영향을 받아왔다는 것이다. 소리 문화

에서 활자 문화로, 전기통신 시대에서 디지털 시대로 기술 혁명을 거듭하면서 우리 삶의 양식이 크게 변화된 것은 사실이다. 기술이 사회를 결정한다는 기술결정론을 인정할 생각은 없지만, 사회의 모습이 기술의 막대한 영향을 받아왔다는 것은 부정할 수 없다.

미디어가 가진 이중의 위험성

TV는 전 세계를 한눈에 볼 수 있게 해준 20세기 미디어의 꽃이다. TV는 보급된 지 수년 만에 우리 삶에 없어서는 안 될 친구가 되었다. 코미디 프로그램을 보면서 그 어느 때보다도 즐거워하고, 드라마를 보면서 수백만 명이 동시에 울기도 한다. TV는 집 안에서도 세계 각국의 사건 현장을 들여다볼 수 있는 기회를 제공해주었으며, 여론이라는 권력을 형성하는 데 절대적인 역할을 하고 있음을 부인할 수 없다.

그러나 그것은 반대로 방송을 장악한 이들에게 여론을 조장할 수 있는 힘을 주었으며, 카메라가 들이대는 방식으로 세상을 바라보도록 강요하였다. TV를 장악한 자가 대중의 의식을 장악할 수 있게 된 것이다. 데이비드 크로넨버그David Cronenberg 감독의 〈비디오드롬Videodrome〉은 이 같은 주제를 정면에서 다룬 최초의 미디어 비평 영화가 아닐까 싶다. 사람들은 케이블 TV에서 틀어주는 방송으로 인해 점점 더 강한 자극을 원하게 되고, 방송을 보지 않으면 살 수 없는 중독자로 변해간다. 세상은 서서히 케이블 TV 방송에 의해 조종당하는 사람들로 가득 차게 된다. 비디오테이프를 꽂으면 그대로 반응하는 모니터 인간들로 가득 찬 세상, 바로 '비디오드롬'이 되어가는 것이다('드롬'이란 거대한 경기장이란 의미. 따라서 비디오드롬은 '비디오 세상'이란 뜻이기도 하면서, 비디오 신드롬에 중독된 세상이란 의미로 해석할 수 있다). 마셜 매클루언의 경구를 비관적인 전망으로 조명한 미디어 위험론이라고나 할까?

매클루언의 말처럼, TV가 세상을 조종하는 방식은 좀 더 하드웨어적일 수 있다. 소프트웨어를 통해 의식을 개조하는 것 이상의 통제와 조종이 하드웨어적으로 가능할 수 있다는 것을 〈배트맨 포에버〉에서 니그마(짐 캐리)는 보여주고 있지 않은가? 그는 영화에 단골로 등장하는 미친 과학자의 전형적인 표본. 세상이 자신의 천재성을 알아주지 않는 데에 앙심을 품고 TV를 통한 뇌파 조종기를 개발한다. TV에서 발생하는 전자기파를 통해 시청자의 뇌파를 조종하여 대중을 자신의 뜻대로 행동하도록 만드는 기계 장치를 발명한 것이다. 뇌파를 통한 의식의 조종은 원리적으로 충분히 가능한 일이다. 뇌파 학습기가 극도로 발전된 형태라고 보면 된다. 배트맨이 없었다면 인류는 짐 캐리를 떠받들며 살아야 하는 운명에 처해 있을지도 모른다.

TV를 보다 쓰러진 아이들

미디어에서 TV로, 〈비디오드롬〉에서 〈배트맨 포에버〉로 옮겨가면서 내가 도착해야 할 역은 바로 일본의 TV 만화 영화 〈포켓 몬스터〉이다. 예전에 한 아주머니로부터 메일을 받은 적이 있다. 일본 아이들이 TV에 방영되는 만화 영화를 보다가 집단으로 발작을 일으켰다는 얘기를 들은 후부터 아이들에게 만화 영화를 보여줘도 되는 건지 걱정이 된다는 내용이었다.

1997년 12월 16일, 일본열도뿐 아니라 우리나라를 포함한 전 세계를 깜짝 놀라게 만든 사건이 있었다. 일본의 초중등학교 아이들이 집에서 만화 영화를 보다가 갑자기 경련을 일으키고, 구토와 발열, 호흡 곤란으로 병원에 실려가는 소동이 벌어진 것이다. 이 프로그램을 본 일본 전역의 아이들 중 1만여 명이 구토나 현기증 등 이상 증세를 일으켜 700여 명이 병원으로 옮겨졌다. 이 중에서 200여 명은 입원 치료를 받았고, 오사카의 다섯 살짜리 어린이는 한때 의식불명 상태에 빠지기도 했다.

문제의 만화 영화는 바로 〈포케몬(Pocket Monster의 약어)〉. 1996년 2월 닌텐도 사에 의해 게임으로 개발돼서 750만 개나 팔릴 만큼 높은 인기를 누렸으며, TV 도쿄에 의해 TV 방송용으로 제작된 만화 영화다. 포케몬은 주머니에 들어가는 수백 종류의 작은 괴물로서 다마고치와 같은 사이버 애완동물이다. 포케몬 게임은 마사라 타운에서 어머니와 함께 살고 있던 소년 사토시가 세계 최고의 포케몬 조련사가 되기 위해 길을 떠나는 것으로 시작된다. 그가 처음 만난 포케몬은 개와 고양이의 중간쯤으로 보이는 피카추. 피카추는 재채기를 할 때 1만 볼트의 고압 전기와 섬광을 발생시키는 것이 특징이며, 사람의 말도 몇 가지 알아듣는다. 포케몬을 이용하여 세계를 정복하려는 음모를 꾸미는 악당인 '로켓단'을 물리치면서 소년과 피카추가 모험을 계속한다는 내용이 게임의 줄거리다.

이러한 인기 절정의 포케몬 게임을 만화 영화로 제작한 TV 도쿄는 1997년 4월부터 일본 내 37개 방송을 통하여 매주 30분간 〈포케몬〉을 방영해왔으며, 평균 시청률이 18퍼센트에 달하는 높은 인기를 누렸다.

피해자들의 얘기에 따르면, 문제가 된 장면은 만화 영화가 끝날 무렵, 피카추가 미사일 공격을 받고 대폭발을 일으키면서 붉은색과 푸른색의 강렬한 섬광이 연속적으로 소용돌이치는 장면이었다고 한다. 이 장면을 본 뒤 아이들에게서 이상 증세가 나타났다는 것이다. 이를 두고 전문가들은 이 포케몬 소동이 이른바 '광과민성 간질'과 관련 있는 것으로 보았다. 감수성이 예민한 연령에서는 1초에 15~20회 주기로 점멸하는 강력한 빛에 자극을 받을 경우 경련 등의 이상 증상이 나타날 수 있다는 것이다. 조사 결과 문제의 장면에서 적색과 청색 점멸이 1초에 12회씩 4초간 행해졌다는 사실이 밝혀졌다.

이것은 시작일 뿐이다

광과민성 간질은 예전에 닌텐도 사의 전자오락을 즐기는 어린이들에게서 흔히 나타난다고 해서 일명 '닌텐도 증후군'이라고 불렸다. 복잡한 화면, 특이한 색깔, 특정 주파수의 번쩍거림 등의 광자극을 받으면 평상시 정상이던 뇌파가 폭발적으로 증가하면서 근육 경련을 일으키는 것으로 알려져 있다. 예민한 사람들은 클럽의 사이키 조명으로도 같은 증세를 보인다고 한다. 의사들은 체질적으로 민감한 어린이가 10~20Hz 정도의 강한 광선에 노출될 경우 시신경을 통해 대뇌피질에 자극이 전달돼 간질 증세를 보일 수 있다고 말한다. 보통 두통이나 어지러움을 느끼지만, 심한 경우 혼수 상태에 빠지고 자칫 뇌에 손상을 입을 우려도 있다고 한다.

광과민성 간질은 1970년대 흑백 TV의 성능이 좋지 않아 화면 조절이 잘 안 되던 시절에 TV를 보다가 간질을 일으킨 환자들이 처음 보고된 이래, 1993년 영국에서 게임을 하던 14세 어린이가 사망하면서 사회적으로 문제가 된 적이 있다. 우리나라에서도 1993년 초 닌텐도 사에서 개발한 '스트리트 파이터 2' 비디오 게임을 하던 어린이들이 착시와 근육 경련 등 광과민성 간질과 유사한 증상을 나타내 물의를 빚은 적이 있으며, 일본의 규슈 지방에서도 이미 두 건의 사례가 보고된 바 있다.

그러나 〈포케몬〉 사건은 게임기가 아니라 불특정 다수를 대상으로 하는 TV를 통해 이런 발작 증상이 일어났다는 점에서 더욱 큰 충격을 주고 있다. NHK와 일본 민간 방송 연맹은 이 사건을 계기로 애니메이션 제작 방법에 관한 가이드라인을 발표하는 등 재발 방지에 온 힘을 쏟고 있다. 가이드라인에는 1초에 5회 이상 점멸하는 장면은 삽입하지 않으며, 점멸이 3회가 넘을 경우 화면의 밝기를 20퍼센트 이하로 억제하고, 규칙적인 패턴이 화면 대부분을 차지하는 장면은 피한다는 등의 조항이 들어 있다. 시청자들에게도 TV는 밝은 방에서 2미터 이상 떨어져 볼 것을 당부하고 있다. 이러한 지침이 얼마나 현실적으로 유효한가에 대해서는 많은 논란이 있지만, 이러한 노력에도 불구하고 이 문제가 단순히 〈포케몬〉에만 해당되는 것은 아니며, 또 재발하지 말라는 보장도 없다는 것이 전문가들의 의견이다.

TV 화면이 불특정 다수인 시청자들에게 발작을 일으킬 수 있다는 사실은 끔찍한 상상의 여지를 남긴다. 이미 TV는 우리의 의식 세계를 지배한 지 오래며, 리모컨을 받아 쥔 순간 우리는 잠깐의 지루함도 견디지 못하고 좀 더 재미있는 자극을 찾아 쉴 새 없이 화면을 돌리는 현대인의 운명을 부여받았다. TV 전파는 뇌파를 조종하지 않더라도 매일같이 우리의 의식 깊숙이 파고들면서 우리의 일상을 지배한다. 이제 우리는 번쩍이는 화면으로 인해 발작을 일으킬 수도 있는 나약한 존재로 추락했다. 포케몬을 향해 쏜 '로켓단'의 미사일이 언제 우리들을 겨눌지 모르는 일이다.

해리슨 버저론
'평등'으로 유혹하는 거세된 미래 사회

영화 〈해리슨 버저론Harrison Bergeron〉은 우리나라에서는 개봉되지 않았지만, SF 영화사에 걸작으로 손꼽힐 만한 영화다. 이 영화는 균일한 사회가 가지는 매력적인 장점들로 인해 우리가 잃어버릴지도 모르는 것에 대해 이야기한다.

〈해리슨 버저론〉이 보여주는 미래 사회는 '자기만족'으로 정체되고 고인 2030 년대 미국 사회다. 학교는 모든 학생들을 C학점의 평범한 아이로 길들이고 두뇌 밴드를 통해 두뇌의 발달을 제한한다. 똑똑한 아이들에게는 두뇌 밴드의 강도를 높이고, 심하면 수술을 통해 명석한 두뇌 활동을 제거한다. 똑똑한 아이들은 지진아와 결혼함으로써 평범한 자식을 재생산하고, 사회는 모두 보통의 지적 능력을 가진 구성원들로 획일화된다. 이렇게 만들어진 사회는 당연히 '불만이 없는 사회'다.

이런 사회에서 특별한 재능을 가진 해리슨 버저론은 필리파 요원을 만나 '중앙통제위원회'의 존재를 알게 되고, 자신의 명석한 두뇌를 이 사회를 유지하는 데 사용해야 하는 임무를 맡게 된다. 그는 이 사회의 모순을 누구보다 잘 알고 있기 때문에, 그 사실을 폭로하려 하지만 그 뜻을 이루기에는 사회는 이미 '반항이 거세된 사회'가 돼버렸다. 그러나 그가 사랑했던 필리파는 그의 자식을 낳고, 그가 자라서 자신의 아버지가 TV를 통해 밝히려 했던 '중앙통제위원회의 정체'와 '사회의 이중성'을 듣는 장면으로 영화는 끝을 맺는다.

과학기술의 발달은 지식과 정보를 가진 자와 가지지 못한 자의 권력 지배 구조를 낳게 된다. 영화는 지식과 정보로부터 소외되었던 자들이 꿈꾸는 유토피아를 보여준다. 지능적이고 똑똑한 자들이 핍박받고 보통의 표준적인 인간으로 평등화되는 지식 획일화 사회가 그것이다. 이때 획일화의 도구로 사용되는 것이 테크놀로지와 미디어다. 테크놀로지를 상징하는 두뇌 밴드는 특정한 뇌파로 뇌를 진동시킴으로써 신경망의 정보 처리를 방해하고 기억을 제거한다. 이러한 기술은 현재의 과학기술로 예측해보았을 때 충분히 가능한 것이다. TV만 해도 창의적이고 개성적인 지능의 발달을 막고 균일화된 인간을 양성하는 데 한몫을 하지 않는가.

우리는 이 영화에서 '자유와 욕구가 거세된 안전한 사회보다는 방종의 위험이 존재한다 하더라도 자유와 욕구로 충만한 사회가 더 낫다' 라는 〈시계 태엽 오렌지A Clockwork Orange〉의 주제를 다른 방식으로 읽을 수 있다.

Cinema
29

컴퓨터 시대의 반항아, 사이버펑크

블레이드 러너
Blade Runner

1950년대 미국에는 이른바 '비트족'이라 불리는 반항 집단이 있었다. 그들은 주로 찻집에 모여 앉아 아이젠하워 시대의 획일성을 비판하면서 전후의 우울을 달랬다. 60년대에는 기성의 사회 통념이나 가치 체계, 생활양식에 반발한 '히피족'들이 '자연으로 돌아가자'는 슬로건을 내걸고 섹스와 마약, 로큰롤에 탐닉하며 반전 운동을 했다. 그들의 전

통은 70년대 '펑크족'에게로 이어져 기성의 대중문화에 반하는 하위문화를 형성하면서, 사회가 가지는 타성을 견제하고 보수주의에 맞서 싸우는 사회적 역할을 담당하였다.

그렇다면 사회주의는 소련과 함께 몰락했고, 정보를 낚는 그물 '인터넷'이 지구를 빈틈없이 덮고 있는 이 시대의 반항 문화는 무엇일까? 1990년대에 들어와 컴퓨터가 급속도로 보급되고, 컴퓨터 문화가 사회 전체를 주도하게 되면서 새로운 형태의 하위문화가 등장하였다. 이른바 '사이버펑크Cyberpunk'가 바로 그것이다. '사이버 시대의 펑크punk(반항아, 불량배)'라는 의미를 가진 사이버펑크는 과학기술이 우리의 삶을 깊숙이 지배하고 있는 디지털 시대의 반항 문화를 형성하고 있다. 사이버스페이스의 전자 게시판 앞에 붙어사는 네티즌들, 컴퓨터 앞에 웅크리고 앉아 자기들끼리 폐쇄적이고 열광적인 커뮤니케이션에 몰두하는 컴퓨터광들, 무정부주의적 성향을 가진 골수 해커들은 물론이고, 비디오 게임에 중독된 사춘기도 못 넘긴 10대들도 넓은 의미에서 사이버펑크족에 속한다.

SF 소설가들의 상상에서 시작된 문화

'사이버펑크'라는 말은 원래 1980년대 중반 어두운 미래 사회에 대한 SF 소설을 써오던 몇몇 SF 소설가들을 가리키는 말이었다. 1980년대 초, 캐나다의 소설가 윌리엄 깁슨William Gibson은 《뉴로맨서Neuromancer》라는 소설을 내놓았다. 이 소설이 그리고 있는 미래 사회는 독자들뿐 아니라 다른 소설가들에게까지 강한 인상을 주었고, 몇몇 SF 소설가들은 이와 비슷한 경향의 소설을 잇달아 발표하였다.

SF 소설 평론가 가드너 더조이스^{Gardner Dozois}는 윌리엄 깁슨과 비슷한 성향을 가진 SF 소설가들, 예를 들면, 브루스 스털링^{Bruce Sterling}, 톰 매덕스 ^{Tom Maddox}, 루 샤이너^{Lew Shiner}, 루디 러커^{Rudy Rucker}, 존 셜리^{John Shirley}, 팻 캐디 건^{Pat Cadigan} 등을 가리켜 '사이버펑크'라고 불렀는데, 브루스 베스케^{Bruce Bethke}의 단편 소설 《사이버펑크》에서 따온 말이었다. 이것이 '사이버펑크'라는 단어의 유래다. 일반적으로 사이버펑크 문학은 기술적으로 진보한 문화의 체제 안에서 동화되지 못한 소수의 사람들에 대한 이야기를 주로 다루고 있다.

사이버펑크의 효시라고 할 수 있는 윌리엄 깁슨의 《뉴로맨서》를 읽어 보면, 사이버펑크적인 분위기를 잘 느낄 수 있다. 《뉴로맨서》의 무대는 마약과 살인, 인간성 상실과 자아 정체성의 문제로 고민하는 암울한 미래 공간이다. 주인공 케이스는 마약을 상습적으로 복용하면서 남에게 고용되어 일하는 해커다. 불행히도 그는 지나친 마약 복용으로 신경계를 다쳐 자신의 뇌를 더 이상 사이버스페이스에 접속할 수 없는 폐인이 되어, 술집을 전전하며 희망 없이 살아가고 있었다. 그러던 어느 날 그는 자신의 신분을 밝히지 않는 어떤 사람으로부터 제의를 받는다. 신경계를 고쳐주고 최신 컴퓨터를 빌려주는 대신, 부탁하는 일을 처리해달라는 것이다. 케이스는 가죽점퍼에 선글라스를 끼고 손톱이 모두 칼날로 만들어진 '몰리'라는 여자 파트너와 함께 부탁받은 일을 해나간다. 그러면서 자신에게 일을 맡긴 사람이 바로 '윈터무트'라는 인공지능 컴퓨터의 명령을 따르고 있다는 것을 알게 된다. 핵전쟁 이후, 세계를 지배하고 있던 대기업

테시어 애시플에게는 두 개의 인공지능 컴퓨터가 있는데, 두 개의 인공지능을 합체함으로써 새로운 단계로 진화하려고 한다. 이 둘을 결합하기 위해서는 기계적인 절차가 필요하다. 그래서 육체가 없는 인공지능 컴퓨터는 이 일을 수행할 에이전트로 케이스를 택한 것이다.

이 소설에는 작가가 창안한 새로운 개념이나 미래 사회의 일상용품들이 아무 설명 없이 쏟아져 나오기 때문에 쉽게 읽을 수 있는 소설은 아니다. 이 책의 분위기를 잘 파악하기 위해서는 깁슨에게 영감을 주었던 영화 〈블레이드 러너〉나, 깁슨이 직접 대본을 쓴 영화 〈코드명 J^{Johnny Mnemonic}〉를 참조하면 좋을 것이다.

《뉴로맨서》에서 '사이버스페이스^{Cyberspace}'란 인간의 두뇌와 컴퓨터를 전극으로 연결하여 형성된 가상 세계이다. 사이버스페이스는 지리적 · 시간적 개념을 넘어서는 초공간적인 활동 영역이고, 오직 컴퓨터와 터미널을 통해서만 들어갈 수 있다. 사이버스페이스라는 말은 윌리엄 깁슨의 단편집 《버닝 크롬^{Burning Chrome}》에서 처음 사용됐다고 한다. 사이버펑크는 《뉴로맨서》의 실질적인 배경인 '사이버스페이스' 및 등장인물들의 펑크적인 캐릭터와 맞물려서 만들어진 말임을 추측할 수 있다.

과학기술에 대한 전에 없던 생각들

사이버펑크라는 말은 그 후 단순히 일군의 SF 소설가들을 지칭하는 데 그치지 않고 특정 소설과 영화 장르를 가리키다가, 이제는 사회의 한 흐름이나 문화를 가리키는 넓은 의미로 사용되고 있다. 사이버펑크에 대한 정의는 매우 다양한데, 공통점은 컴퓨터와 인터넷, 디지털 전자 기술에 대한 전문적인 지식을 바탕으로 한다는 점과 기존의 질서에 대항하는 성격을 띠고 있다는 점이다.

SF 해설가 박상준 씨에 따르면, 사이버펑크는 일견 사회의 구조적 모순에 반항하는 듯이 보이나, 사실 그들이 거부감을 갖는 대상은 아직 고도 정보화 사회에 적응하지 못하고 있는 대다수 구세대들의 문명적 구태의 총체라고 한다. 그들은 과학기술의 발달이 인류에게 더 나은 미래를 제공해줄 것인가 하는 낡아빠진 질문에 더 이상 흥미를 느끼지 못하고 있다. 그들에게 과학기술은 공기처럼 자연스럽고 일상적인 환경일 뿐, 그것을 인간에게 이롭게 만드는 것은 전적으로 인간 스스로에게 달린 문제라는 점을 잘 알고 있기 때문이다. 그들은 자연으로 돌아가자고 외치던 히피들과는 반대로, 과학기술과 더불어 사는 방법을 모색하고자 한다. 그것은 우리가 기술을 지배하지 못하면 기술 자체에 예속당하기 때문이다. 그래서 그들은 자본주의와 물질문명이 야기하는 인간 정체성의 상실, 인간소외 문제, 기계 문명과의 갈등, 전문화 사회에서 기계화된 인간관계 등을 극복하는 방법을 과학기술 문명 그 자체에서 찾으려고 하는 것이다.

사이버펑크가 그리는 미래상은 '사이버펑크'로 분류되는 영화들 속에 잘 나타나 있다. '사이버펑크 영화'란 일반적으로 미래 사회를 배경으로 물질문명의 이기 속에 나타나는 인간소외를 다루면서 휴머니즘의 매몰을 경고하는 영화들을 말한다. 대표적인 사이버펑크 영화로는 사이버스페이스에 대한 묘사가 뛰어난 〈론머 맨The Lawnmower Man〉, TV와 인간 의식의 관계를 다룬 데이비드 크로넨버그의 〈비디오드롬〉, 디스토피아적 미래 세계를 보여주는 〈터미네이터 1, 2〉 등이 있다.

　사이버펑크 영화들은 액션과 긴박감이 넘치고, 미래 사회와 등장인물들에 대한 묘사가 치밀하면서도 감각적이다. 시간적 · 공간적 배경과 이야기 전개는 첨단 과학기술과 맞물려 있지만, 과학기술의 발달이 미래 사회를 유토피아로 만들어줄 것이라는 낙관론이나, 인류가 과학기술에 종속될 것이라는 비관론에 치우치지 않는다. 그들은 한편으로는 고도 문명의 이기에 열광하면서, 다른 한편으로는 기존의 고도 문명에 대한 경멸감을 갖고 세계를 본다.

　특히 리들리 스콧 감독의 〈블레이드 러너〉와 오토모 카츠히로의 〈아키라〉에는 사이버펑크적인 미래가 감각적으로 잘 묘사되어 있다.

　필립 K. 딕Philip K. Dick 의 《안드로이드는 전기 양을 꿈꾸는가?Do Androids Dream of Electric Sheep?》를 각색한 영화 〈블레이드 러너〉는 《뉴로맨서》에 나타난 미래 사회와 매우 비슷한 분위기를 풍긴다. 2019년, 코카콜라 네온 간판과 기모노를 입은 일본 여인의 미소가 빌딩 숲 맨 꼭대기를 장식하고, 그 사이에 좁다랗게 난 골목길에서는 인조인간들의 부속품을 뒷거래하는 암시장이 있다. 인간들은 자신과 거의 똑같은 신체와 지능을 가진 리플리컨트들을 만들어 전쟁과 노동에 이용한다. 영화에 등장하는 거대 도시의 뒷골목은 사이버펑크족들이 그리는 불안정하고 암울한 미래상의 전형적인 모습이다.

　오토모 카츠히로가 줄거리를 쓰고 감독한 〈아키라〉는 일본 SF 애니메이션의 걸작으로 손꼽힌다. 이 영화의 무대는 제3차 세계대전으로 핵전쟁이 발발한 후, 폐허가 된 일본의 수도 네오 도쿄다. 반항아이며 문제아인 고등학생 카네다와 그 친구들은 오토바이를 타고 다니며 고속도로에서 싸움을 벌이는 폭주족이다. 네오 도쿄에서 가정과 학교라는 존재는 이미 붕괴해버렸고, 소년들은 흉폭해져 거리를 싸움터로 만들며 파괴를 일삼는다. 타락한 도시에서 자라온 소년들은 극도의 허무 속에서 이 사회를 모두 쓸어버리고 싶은 파괴 욕구를 갖게 된다. 그러던 어느 날 우연히 초능력을 사용하는 어린애들 때문에 카네다의 친구 데츠오가 병원에 실려가게 되고, 데츠오는 군부가 은밀하게 추진하고 있는 '아키라'라는 정신 감응 연구의 희생양이 된다. 결국 카네다와 괴물로 변한 데츠오는 엄청난 싸움을 벌이게 되는데, 회복 불가능한 사회에 대한 거대한 파괴가 관객들에게 카타르시스를 불러일으킨다. 그러면서 영화는 파괴된 세계를 재건할 희망적인 암시와 함께 세 명의 소년 소녀가 오토바이를 타고 질주하는 장면으로 끝을 맺는다. 〈아키라〉의 매력은 살인과 폭력, 시위와 테러로 얼룩진 도쿄의 모습과 그 속에서 생동감 넘치는 젊은이들의 반항과 허무, 파괴와 재건으로 이어지는 사이버펑크적 분위기에서 찾을 수 있다.

사이버펑크, 새로운 시대정신이 될 수 있는가

컴퓨터를 통해 탄생한 사이버스페이스는 시공을 초월하고자 하는 인간의 욕망을 현실화시킨 강력한 도구이다. 사이버펑크족들은 사이버스페이스에서 겪는 가상현실의 경험을 중시한다. 사이버펑크족들에게 사이버스페이스에서의 경험과 현실 세계에서의 경험을 구분하는 일은 무의미한 짓이다. 과학기술의 발달로 인해 사이버스페이스의 경험은 감각적·의식적으로 현실과 구별할 수 없게 될 것이기 때문이다. 사이버펑크족들은 사이버스페이스를 통해 실제 생활에서 겪는 인간소외와 정체성의 상실, 의사소통의 단절 등을 극복하려고 한다. 컴퓨터 통신망은 그들이 원하는 모든 정보를 자유롭게 입수하거나 교환할 수 있게 해주면서 모든 과정에서 간접적인 익명성을 보장해주기 때문이다.

1960년대 히피들에게 '삶'은 무거운 것이었다. 현실과 죽음을 초월하기 위해 그들은 마약과 섹스, 로큰롤을 택했다. 마약은 그들에게 초현실적 환각을 제공했고, 로큰롤과 섹스는 열정과 쾌락의 안식처였다. 1960년대 히피들이 마약과 섹스, 로큰롤을 통해 현실의 족쇄로부터 자유로워지기를 꿈꿨다면, 사이버펑크족들은 사이버스페이스에서 영혼의 새로운 안식처를 찾았다. 그러면서 그들은 컴퓨터가 주는 몽환적이고 초현실적인 감성에 중독되어갔고, 사이버 섹스에 탐닉하게 되었다.

1960년대 히피 문화가 대중문화가 될 수 없었던 것처럼, 고도의 컴퓨터 사회가 된다 하더라도 사이버펑크가 주류가 될 수는 없을 것이다. 하지만 히피가 사라진 지금도 히피 정신만은 남아 있어야 한다. 삐뚤어진 사회에 대한 비판과 저항, 젊은이의 패기와 열정은 계속 남아서 사회가 고여 썩지 않도록 견제해야 한다. 사이버펑크의 정신 역시 마찬가지다. 과학기술을 올바르게 사용하고 더 나은 미래 사회를 건설하기 위해서는 기술 그 자체에 예속되어서는 안 된다. 그런 의미에서 사이버펑크 정신은 사이버스페이스 안에만 갇혀 있어서는 안 된다. 컴퓨터 앞에 웅크리고 앉아 있는 사이버펑크족들은 사이버스페이스와 현실의 경계를 허물고 현실로 나와서 사회에 새로운 열기를 불어넣어야 한다. 새로운 것만이 세상을 바꿀 수 있다.

코드명 J
가상현실과 종이 없는 세상

　20세기 최고의 지성으로 불리는 기호학자이자 소설가 움베르토 에코는 어느 인터뷰에서 인류에게는 종이로 만든 책이 영원히 필요할 것이라고 말했다. 그것은 책이 낙타 위에서, 배 위에서, 사막에서 그리고 화장실에서 읽을 수 있는 유일한 지식의 전달 수단이기 때문이라고 했다. 과연 그럴까? 그가 만일 영화 〈코드명 J〉 나 〈폭로Disclosure〉의 마지막 장면을 보았다면, 위와 같이 장담하지는 못했을 것이다.

　〈코드명 J〉의 무대는 서기 2021년이다. 주인공 조니(키아누 리브스)는 자신의 어린 시절 기억을 지운 뒤, 새로 삽입한 기억 확장 장치를 달고 자신의 뇌에 비밀 정보를 담아 지정된 상대방에게 전달해주는 일종의 정보 전송인이다. 영화의 처음 부분에서 조니가 컴퓨터 칩과 자신을 연결한 가상공간을 뒤적이는 장면은 매우 인상적이다. 그는 자신 앞의 허공을 뒤적거리지만, 그가 쓴 디스플레이용 헬멧은 그에게 저장된 정보를 하나씩 제공한다. 가상현실 장치는 물건을 옮기고 정보가 담긴 종이의 책장을 넘기듯 허공을 향해 내두른 그의 손짓을 감지해서 사이버 공간에서 책장을 넘기고 버튼을 누른다.

　〈폭로〉에는 직장 상사(데미 무어)와 부하(마이클 더글러스)가 가상공간에 저장된 회사의 중요 자료에 먼저 접근하기 위해 사이버스페이스에서 경주를 벌이는 장면이 나온다. 우리가 실제로 자료를 정리하기 위해 서류를 보관할 책장을 나누고, 서류함을 만들고, 여러 가지 파일들을 보관하듯이, 회사는 컴퓨터 내부의 가상공간에 서류 방을 만들고 방마다 여러 가지 자료를 나누어 보관한다.

　'가상현실Virtual reality'은 과학자들이 꿈꾸는 '종이가 필요 없는 세상'이다. 가상

공간에서는 원자로 이루어진 물건은 아무것도 필요 없다. 디지털 비트가 모든 것을 대체한다. 가상현실은 어떤 특정한 환경이나 상황을 컴퓨터 시스템을 이용해서 모의실험을 함으로써, 그것을 사용하는 사람이 마치 실제 상황인 것처럼 느끼게 해주는 진보된 형태의 인간-컴퓨터 간 인터페이스다. 사막에서 한 번도 싸워본 적이 없는 미군이 걸프전에서 이라크군을 이긴 것도 바로 가상현실 덕분이었다. 가상현실로 만들어진 사막전 훈련 코스를 통해 실제로 사막에서 훈련한 효과를 낸 것이다. 오락실에 가면 가상현실을 응용한 2차원 게임을 쉽게 볼 수 있다. 운전대만 있는 게임 기계로 자동차 경주를 한다거나, 총으로 화면을 쏘면서 전쟁을 할 수도 있고, 가만히 서서 스키를 즐길 수 있다.

  가상현실의 발상은 단순하다. 우리는 공간을 인식할 때 왼쪽 눈과 오른쪽 눈으로 들어오는 영상이 서로 다르기 때문에 3차원 공간을 인식할 수 있다. 한쪽 눈을 감으면 양손의 손가락 끝을 서로 맞대기 힘든 것도 이 때문이다. 이것을 이용해서 왼쪽 눈과 오른쪽 눈에 서로 시각 차가 있는 영상을 제공하면 3차원 영상으로 인식할 수 있게 된다. 내가 고개를 돌리는 것을 컴퓨터가 쉴 새 없이 감지해서 새로운 영상을 공급하면, 나는 마치 머리를 움직였기 때문에 그런 변화가 생긴 것처럼 착각하게 된다. 그래서 영화에서 보았듯이, 가상현실의 전형적인 장치는 물안경처럼 양쪽 눈에 서로 다른 영상을 보여주는 장치를 장착한 헬멧이다. 미국의 NASA와 국방성은 우주선에 태울 조종사를 훈련시키거나 완벽히 조종술을 익힌 파일럿을 훈련시키기 위해서 1968년 가상현실을 개발하게 되었다고 한다. 비행기나 우주선으로 직접 훈련하는 것은 위험하고 많은 돈이 들기 때문이다.

요즘 아이들은 필기하는 것을 무척 싫어하고, 모니터의 글을 읽는 데 더 익숙하다고 하니 가상현실이 책을 몰아낼 날이 머지않아 올지도 모른다. 현실을 그대로 모사한 가상현실 기술이 발달할수록, 미래에 인류는 사이버스페이스에서의 삶을 더욱 즐길 것이다. 우리는 그날을 위해 '진정으로 존재한다는 것은 무엇인가?'에 대한 답을 미리 생각해보아야 한다.

문화의 경계를 지운 세상의 출현

매트릭스
The Matrix

〈블레이드 러너〉 이후 꾸준히 영화로도 선을 보인 사이버펑크는 1990년대 후반 '세기말' 이라는 집단 공황을 일으킬 만한 시간적 배경과, 가상공간과 현실 세계가 '뫼비우스의 띠' 의 양면을 이뤘던 공간적 배경에서 〈스트레인지 데이즈〉, 〈코드명 J〉, 〈공각기동대〉, 〈너바나Nirvana〉, 〈오픈 유어 아이즈Open Your Eyes〉, 〈매트릭스〉 등 수많은 작품으로 형상화되었다.

그중에서도 키아누 리브스의 매력 넘치는 외모와 연기가 인상적인 〈매트릭스〉는 전 세계적으로 엄청난 흥행 성공을 거뒀다. 이 영화는 인간을 에너지원으로 이용하려는 거대한 네트워크 '매트릭스'에 맞서 싸우는 저항군들의 이야기를 담은 사이버펑크 영화다.

인류의 새로운 구세주 네오의 등장

평범한 사무원인 토머스 앤더슨(키아누 리브스)은 밤에는 해커 네오로 활동한다. 어느 날 정체 불명의 여인 트리니티가 찾아와 세상을 지배하는 인공지능 '매트릭스'에 대항해 싸우는 저항군의 리더 모피어스에게 그를 안내한다. 모피어스는 매트릭스가 사람들에게 1999년을 살고 있다는 환상을 주입해 다스리고 있지만, 실제로는 모두가 매트릭스의 에너지원으로 사용되고 있을 뿐이라는 사실을 알려준다. 그리고 네오가 바로 매트릭스로부터 인류를 구원할 구원자임을 일깨워준다.

네오는 자신이 구원자라는 사실에 반신반의하면서도 모피어스의 지시에 따라 매트릭스가 구축한 시뮬레이션 일상을 돌아다니며 쿵푸, 태권도 등 다양한 기술을 프로그램을 통해 훈련 받는다. 동료 사이퍼의 배신으로 스미스 일당에 붙잡힌 모피어스는 저항군 본부인 시온의 소재를 알아내려는 스미스에게 고문을 당한다. 트리니티와 네오는 모피어스를 구하기 위해 매트릭스 안으로 들어가고, 화려한 무술과 사격 솜씨로 모피어스를 구해낸다. 그러나 매트릭스를 빠져나오려는 순간 네오는 스미스의 총에 맞아 쓰러진다. 트리니티가 생명 유지 장치에 누워 있는 네오를 끌어안고 사랑을 고백하는 순간, 네오의 의식은 기적처럼 소생한다. 디지털 네오는 스미스 일당을 단숨에 물리치고 무사히 육체로 돌아와 매트릭스를 분쇄한다. 트리니티를 포옹하며 구세주로서의 숙명을 받아들인 그는 잠든 세상을 깨워 반격에 나설 준비를 한다.

원래 '매트릭스' 란 어머니의 자궁, 즉 모체를 뜻하는 라틴어 'mater' 에서 나온 말로서 컴퓨터 내의 가상공간을 의미한다. 윌리엄 깁슨은 그의 소설에서 처음으로 컴퓨터 네트워크와 하드웨어, 소프트웨어 프로그램, 데이터 등에 의해 구축된 사이버스페이스를 '매트릭스' 라고 불렀는데, 여기에서 따온 제목이다. 영화에서는 인공지능을 갖고 인간을 통제하는 사이버스페이스를 지칭한다.

장자의 나비 꿈으로 흔히 비유되는, 현실 세계와 교묘히 얽힌 사이버스페이스 그리고 그 안에서 주인공이 겪는 정체성의 혼란 문제는 굳이 〈매트릭스〉가 아니더라도 오래전부터 영화에서 다루어져왔다. 따라서 소재 면에서 매트릭스는 그다지 새롭다고 보기는 어렵다. 사이버펑크적인 요소들의 결합이나 분위기 면에서도 이전에 나온 〈너바나〉나 〈오픈 유어 아이즈〉가 〈매트릭스〉보다 한 수 위다.

특히 매트릭스가 교묘히 감추고 있는 '종교적인 코드' 는 단지 외피만 사이버펑크를 뒤집어쓴 것은 아닌가 하는 의구심까지 갖게 하기도 한다. 예를 들면, 키아누 리브스의 이름이 인류를 구원한 그(The One)에서 One 의 철자를 치환한 Neo라는 점, 여주인공의 이름이 삼위일체를 뜻하는 트리니티Trinity라는 점, 모피어스의 비행선 이름이 구약성서에 등장하는 왕 이름인 '느부갓네살' 이라는 점, 인류의 마지막 보루인 저항군 본부가

'시온(19세기 말 유럽의 유대인들이 유럽 각국의 배타적 민족주의에 자극받아 유대인도 유대인으로서의 정체성을 잃지 말고 유대인의 나라를 만들려 한 운동을 시오니즘이라고 한다)' 이라는 점, 세례 요한이 예수의 등장을 예언하고 기다렸던 것처럼 모피어스도 네오가 구원자라는 사실을 믿고 있었다는 점, 네오의 신복인 사이퍼가 유다처럼 그를 배신한다는 점, 네오가 죽었다가 다시 부활해 인류를 구원한다는 점 등에서 이 영화를 기독교적인 코드로 읽을 수 있다.

왜 우리는 익숙한 이야기에 열광했는가

많은 사이버펑크 영화들이 흥행에 그다지 성공하지 못했음에도 불구하고 〈매트릭스〉가 유독 대중들에게 폭발적인 인기를 끌었던 이유는 무엇일까? 특히 사이버펑크에 익숙한 많은 SF 영화 팬들까지도 〈매트릭스〉에 열광했던 이유는 무엇일까? 그것은 아마도 〈매트릭스〉가 '온갖 문화의 잡종으로 이루어진 진정한 다국적 탈문화적 공간' 으로서의 사이버스페이스에 주목했다는 사실 때문일 것이다.

사이버펑크가 1970년대 펑크와 다른 점은 기존 체제에 저항적일망정 삶을 대하는 태도 자체가 부정적이지는 않다는 점이다. 그것은 그들이 컴퓨터 네트워크와 가상공간 자체에서 희망을 엿보고 있기 때문이다. 인터넷과 같은 탈중심화된 네트워크 커뮤니케이션이 보편화되면서 소수의 중앙집중적인 커뮤니케이션 구조는 해체되고 다양한 텍스트들과의 접촉을 통해 인간은 다원적인 정체성을 경험하게 된다. 그리고 사이버스페이스를 통해 성, 인종, 계급에 대한 억압, 식민주의와 제국주의, 계급 지배 체제는—역전까지는 아니더라도— 다양한 변화와 저항에 직면하게 될 것이다. 사이버펑크는 현대 사회의 다원성과 탈중심성, 권력 분산을 주도하는 사이버스페이스의 가능성을 일찍부터 인식했던 것이다.

〈매트릭스〉에서 묘사하는 사이버스페이스는 이소룡의 쿵푸와 주윤발의 〈영웅본색〉, 〈공각 기동대〉의 쿠사나기, 스트리트 파이터와 플레이스테이션 등 다국적의 아이콘들이 만나 국적 불명의 문화 잡탕이 만들어낸 공간이다. 워쇼스키^{Wachowski} 형제는 각 나라만의 독특한 문화 경계를 허물고 초국가적인 사이버스페이스를 재현하고, 영화 속에서 그것을 스타일화함으로써 새로운 사이버펑크 영화를 탄생시켰다. 지금까지 사이버펑크적인 내용을 다룬 영화들은 많았지만, 그것을 풀어나가는 스타일 면에서 탈문화적인 사이버스페이스의 가능성을 보여준 영화는 그다지 많지 않았다. 워쇼스키 형제는 탈중심화된 사이버공간에서 다원적인 정체성을 경험하고 있는 현대인들의 욕망을 정확히 포착하고 있었던 것이다.

윌리엄 깁슨이 머릿속으로만 예언했던 사이버스페이스의 미래를 일상적인 일과로 살아가고 있는 현대인들에게 사이버펑크는 이제 좀 더 현실적인 문제가 되었다. 대중들은 아마도 가상현실에서 정체성의 혼란을 경험하며 고뇌하는 사이버펑크 영화들보다는, 게임화되고 아이콘화되어가는 자신의 모습을 보여준 〈매트릭스〉에 더 공감했던 것 같다. 눈만 감으면 스트리트 파이터 안에서 싸우고 있는 우리는 모두 '네오 인류'인 것이다.

자신의 사생활을 공개하려는 욕망

에드 TV
Ed TV

영국 케임브리지 대학의 한 실험실 바깥 복도에는 학생들과 연구원들이 커피를 마실 수 있는 커피메이커가 놓여 있었다. 그런데 워낙 많은 사람들이 아침부터 커피를 마시다 보니, 낮에 가면 커피가 거의 남아 있지 않은 경우가 많았다. 커피를 마시러 복도까지 나갔다가 허탕을 치는 경우가 잦아지자, 실험실 사람들이 아이디어를 냈다. 커피메이커 앞에다 실험실에서 굴러다니는 비디오카메라를 설치해서 그 화면을 인터넷에 띄우자! 그래서 커피가 얼마나 남았는지를 복도에 나가지 않고 자신의 컴퓨터에서 볼 수 있도록 하자는 것이었다. 화면의 크기도 작고, 1초에 한 번 정도 움직이는 화면이었지만, 그 후로는 이 실험실에서 커피를 마시러 나갔다가 허탕 치는 일이 없어졌다고 한다. 이 사건은 인터넷을 개발하는 사람들에게 '최초의 인터넷 원격 감시'로 기억되었고, 이 실험실의 이름을 딴 '트로잔Trojan 커피메이커'는— '맛'과는 상관없이— 역사에 이름이 남을 만한 커피메이커가 됐다.

인터넷 방송국이나 웹캠이 대중화된 오늘날, '인터넷을 통해 영상을 공유한다'는 개념은 더 이상 신기하거나 새로운 기술이 아니다. 인터넷을 통해 화상 회의를 하는 장면은 SF 영화 속에서만 볼 수 있는 장면이 아니며, 탁아소에서 아이들이 노는 모습을 아빠와 엄마가 직장에서 컴퓨터로 본다거나, 도로 교통 상황을 인터넷으로 체크하는 일은 일상이 되었다.

그러나 가격이 저렴하고 설치가 용이한 웹캠이 대중화되면서, 생활의 편리함 속에 감춰진 '사생활 침해' 문제가 새로운 사회적 이슈로 떠올랐다. 탁아소에서 아이들이 노는 모습을 직장에서 아빠와 엄마가 볼 수 있게 된다는 것은 아이들 혹은 보모의 입장에서는 감시를 당하는 것과 같다. 이들 부모들도 직장에서 열심히 일하고 있는지를 상사가 웹캠으로 지켜본다면 그리 달가워하지는 않을 것이다.

보여주고 싶은가? 감추고 싶은가?

그런데 흥미로운 것은 타인의 사생활을 엿보려는 관음증적 욕구와 자신의 사생활을 대중들에게 공개하려는 노출증적 욕망이 함께 존재한다는 사실이다. 실제로 인터넷에는 자신의 방에 웹캠을 설치해놓고 자신의 개인 사생활을 24시간 보여주는 이른바 '라이브 웹캠 사이트'가 1만 개 이상 존재한다. 이들 사이트는 옷을 갈아입는 장면이나, 목욕하는 장면, 심지어 남자 친구와 잠자리를 함께하는 장면을 그대로 생중계하기도 한다.

제니퍼 링글리Jenniffer Ringley는 이런 라이브 웹캠 사이트로 일약 스타가 된 여성으로서, 라이브 웹캠 사이트의 역사가 그녀로부터 시작됐다고 해도 과언이 아니다. 현재 웹 디자이너로 일하고 있는 그녀는 대학교 3학년 때 컴퓨터 관련 수업을 듣다가 이 아이디어를 생각해냈다고 한다. 프로젝트를 위해 고심하던 그녀는 넷스케이프 사 사무실의 한 어항에 겨냥된 '어메이징 피시캠Amazing Fish Cam(하루 종일 어항을 비추는 카메라)'을 보고 '사람을 이렇게 못 찍을 이유가 뭐냐'는 생각을 했다고 한다. 1996년에 시작되었던 '제니캠'은 24시간 그녀의 사생활을 생중계했고, 3년이 지나자 매일 450만 명의 방문객이 연회비 15달러에도 불구하고 이 사이트를 찾아왔다.

인터넷에서 자신의 사생활을 24시간 생중계하는 사이트들은 미국에서 사회적인 문제로 대두된 바 있다. 이들 사이트의 대부분이 '포르노 사이트'라는 점이 문제인데, 이와 얽힌 사회적인 문제들이 여기저기에서 불거져 나왔다. 예를 들어, 한 간호사가 부업으로 자신의 홈페이지에서 누드 사진을 올리고 섹스 장면을 생중계했다가 병원으로부터 해고당하는 사건이 발생해서, '그녀의 해고가 정당한가'에 대한 열띤 논쟁이 벌어지기도 했다.

영화 〈아메리칸 파이〉American Pie는 몰래카메라로 상징되는 '사생활 침해와 폭로' 문제를 화장실 유머 속에 가볍게 다루고 있는데, 이 영화가 흥미로운 것은 일상 속에서 쉽게 일어날 법한 몰카 사건을 보여주고 있다는 점이다. 미시간 주 이스트 그레이트 폴즈 고등학교에 다니는 짐, 오즈, 케빈, 핀치는 넘치는 호르몬을 주체할 수 없는 고등학교 3학년 친구들이다. 이들의 목표는 졸업 무도회 전까지 총각 딱지를 떼는 것. 그러나 생각만큼 만만치가 않다. 체코에서 온 교환학생 나디아는 짐에게 함께 공부할 것을 제안하면서 한 가지 부탁을 한다. 짐의 집에서 발레복을 갈아입을 시간을 달라는 것. 짐은 흔쾌히 허락하고, 친구들의 권유에 따라 자신의 방에 웹캠을 설치한다. 그녀가 옷을 갈아입는 것을 웹캠으로 엿보려는 것이다.

짐은 그녀를 자신의 방에 남겨두고 옆집 친구 집으로 달려가 그녀가 옷 갈아입는 것을 웹캠으로 훔쳐본다. 이때 나디아는 짐의 방에서 포르노 잡지를 발견하고 짐의 침대에 누워 자위행위를 시작한다. 친구들은 짐에게 이때를 놓치지 말고 그녀와 성관계를 가지라고 종용하고, 다시 집으로 달려간 짐은 그녀와 일을 치르려고 한다. 그러나 경험이 전혀 없었던 관계로 망신만 당하고 만다. 짐의 실수로 이 광경은 전교생들에게 방송돼, 다음 날 아침 짐은 전교생의 놀림거리가 된다.

영화 속 이 사건은 웹캠이 '일상생활 속에서' 타인의 육체나 은밀한 사생활을 엿보는 도구로 사용될 수 있다는 점을 보여준다. 거창한 프로젝트나 범죄 음모 속에서가 아니라 친구들끼리 히히덕거리며 주고받은 농담이 한순간에 현실이 되고 범죄가 되는 것이다. 즉 화장실이나 탈의실에 설치해놓은 몰래카메라가 어떻게 쓰일 수 있는가를 보여주고 있는 셈이다.

재미있는 것은 짐에게는 예쁜 여학생인 나디아와 자신이 성관계를 갖는 상황을 웹캠을 통해 타인에게 보여주고 싶은 마음과, 그러면서 동시에 그것을 감추려는 마음이 공존한다는 사실이다. 춤을 추면서 자연스레 옷으로 웹캠을 가리는 모습은 이런 의도를 잘 보여주고 있다.

웹 시대가 가져온 새로운 정체성의 발현

네트워크를 통해 자신의 사생활을 일부러 대중에게 공개하려는 욕망은 영화 〈에드 TV〉에서 더욱 노골적으로 드러난다. 〈트루먼 쇼^{The Truman Show}〉가 한 개인이 전혀 인식하지 못하는 상황 속에서 대중은 그를 엿보고 있다는 설정을 통해 집단 관음증 문제를 정면으로 다루고 있다면, 〈에드 TV〉는 TV라는 네트워크를 통해 자신의 사생활을 생중계하는 에드의 '사생활 공개와 침해의 위험한 줄타기'를 보여준다.

〈에드 TV〉처럼 개인의 사생활을 24시간 TV로 생중계하는 것은 이제 영화 속 이야기가 아니다. 1992년부터 시작된 미국 MTV의 〈리얼 월드^{The Real World}〉는 평범한 시민 7명을 모아놓고 이들의 사생활을 생중계한다. 초기에는 타인의 사생활을 엿볼 수 있다는 사실만으로 굉장한 화제가 되어, 이 프로그램은 많은 인기를 누렸고 타방송사들은 유사 프로그램을 쏟아내기도 했다.

독일 RTL2 TV의 〈빅 브라더Big Brother〉나 미국 CBS TV의 〈서바이버 Survivor〉는 사생활 생중계를 게임 형식으로 보여주는 프로그램들이다. 〈서바이버〉의 경우, 외부와 단절된 열대 무인도에 16명의 로빈슨 크루소들을 39일 동안 가두어놓고 그들이 살아가는 과정을 생중계하는 프로그램이다. 이들은 나뭇가지를 모아 불을 피우고 먹을거리를 찾아 헤매는, 진정한 의미의 '생존' 을 위해 고군분투해야 하는 한편, 동료들과 시청자들의 '투표' 에서 살아남기 위해 최선을 다해야 한다. 최후의 생존자에게는 100만 달러가 지급된다.

그렇다면 왜 사람들은 웹캠이나 TV를 통해 자신의 사생활을 대중들에게 공개하려는 것일까? 사회학자나 심리학자들은 이 현상을 '인간관계가 단절된 현대 사회에서 자신의 정체성을 찾으려는 노력' 으로 보고 있다. 적극적으로 자신의 존재를 세상에 알리고 자신의 정체성을 찾아가는 도구로 웹캠을 택한 것이다.

그러나 뭐니 뭐니 해도 라이브 웹캠이 주는 가장 큰 매력은 바로 '재미' 다. 누구나 일상은 한없이 지루하고 무미건조하지만, 자기가 생활하는 모습이 카메라에 담겨 인터넷으로 생중계되고 많은 사람들이 이를 지켜본다면, 그 순간 자신의 삶은 아주 특별해진다. 평범한 일상 하나하나가 특별한 사건이 되는 것이다. 아마도 지켜보는 사람들보다 더 흥분되는 사람은 바로 자기 자신일 것이다.

처음 등장할 때만 해도, 유명한 건물이나 태평양 연안의 파도, 거리 풍경, 수족관 등을 24시간 전해주던 웹캠은 이제 인터넷 화상 회의, 실시간 화상 전송을 통한 인터넷 광고, 원거리 모니터링, 교통 상황 실시간 중계라는 테크노피아의 중심에 서 있다. 그러나 실제로 더 많은 카메라들은 은밀해서 보이고 싶지 않은, 혹은 그래서 더욱 드러내고 싶은 우리들의 사생활을 겨누고 있다. 우리는 지금 디지털 문화의 한가운데에 서서 관음증과 노출증 사이의 위험한 곡예를 하고 있는 것이다.

우디는 톰 행크스를 대체할 것인가

토이 스토리 2
Toy Story 2

1996년 3월 아카데미 상 시상식에서 〈홀랜드 오퍼스^{Mr. Holland' s} ^{Opus}〉의 명배우 리처드 드레이퍼스는 기술 부문 시상을 위해 무대에 올랐다. 여느 시상과는 달리, 후보작이 소개되고 봉투에서 수상작의 이름이 나오기 전까지 무대를 감도는 긴장감이라곤 찾아볼 수 없었다. 시상식 단상 앞쪽에 자리한 한 무리의 사람들에게서 화기애애한 미소만을 발견할 수 있을 뿐이었다. 모두가 예측하듯, 오스카 아저씨를 닮은 트로피는 그들에게로 돌아갔다. 그들은 〈토이 스토리〉를 만든 픽사 스튜디오의 기술 감독들이었다.

트로피를 전달하면서 리처드 드레이퍼스는 객석을 향해 〈토이 스토리〉 기술 팀을 이렇게 소개했다. "우리는 서로에게 꼭 필요한 존재입니다. 〈토이 스토리〉를 만든 이들을 잊지 말아주세요. 21세기에도 우리 배우들은 이들과 함께 일할 것입니다. 그럴 수 있기를 '정말' 바랍니다." 그의 너스레에 모두가 웃었다.

할리우드에 배우가 언제까지 필요할까

실제로 〈토이 스토리〉에 대한 리처드 드레이퍼스의 익살은 영화계 안에서 한동안 논쟁의 중심에 있었다. 카메라 없이 만들어진 최초의 장편 디지털 애니메이션 〈토이 스토리〉가 스크린 위에 선보이자, 사랑스런 주인공들의 사실적인 움직임에 관객들 모두가 탄성을 질렀다. 1927년 첫 유성 영화였던 〈재즈 싱어The Jazz Singer〉가 상영됐던 무대나, 3색 기법으로 흑백 스크린에 처음 칼라가 입혀졌던 1932년 월트 디즈니의 만화 영화 〈꽃과 나무Flowers and Trees〉의 상영관에서보다, 어쩌면 더 큰 놀라움이 그 자리에 있었는지도 모른다. 사람들은 웅성대기 시작했다. 혹시 카메라가 언젠가는 컴퓨터로 대체되지 않을까, 혹은 배우 대신 디지털 캐릭터가 스크린을 가득 메우지 않을까.

낙관적인 예측과 비관적인 전망 사이에서 컴퓨터 전문가들은 편을 갈

랐다. 그러나 결국 논쟁은 '컴퓨터 기술의 발전'에 관한 문제로 귀착했다. '컴퓨터 처리 속도의 증가, 용량의 확장, 그래픽 기술의 발전이 과연 디지털 캐릭터를 얼마나 사실적으로 묘사하게 될 것인가' 하는 것이 해답을 쥐고 있었다. 그러나 컴퓨터 기술의 발전을 예측할 수 없기에 어떠한 판단도 섣부른 것일 수밖에 없다.

한편 영화계에선 컴퓨터 속도가 빛의 속도에 가까워진다고 해도 '실사 영화'가 사라지진 않을 것이라고 낙관했다. 스크린 속에서 '인간적인 냄새'를 찾는 관객은 사라지지 않을 것이기 때문이다. 그렇다면, 컴퓨터가 '인간적인, 너무나 인간적인' 디지털 캐릭터를 만들어낼 수 있다면, 그래서 디지털 캐릭터에게서 인간적인 체취가 느껴진다면, 배우라는 직업은 사라질 것인가? 결국 문제는 다시 컴퓨터 기술의 문제로 돌아가는 것일까?

〈토이 스토리〉에서 〈토이 스토리 2〉로의 진화

그리고 1999년, 〈토이 스토리 2〉가 나왔다. 픽사 스튜디오의 존 레스터John Lasseter가 전편에 이어 감독을 맡았고, 우디와 버즈, 그리고 앤디 방에 있는 장난감들이 전편에서와 마찬가지로 익살스런 연기를 멋지게 보여주었다. 톰 행크스가 카우보이 보안관 우디를, 〈갤럭시 퀘스트 Galaxy Quest〉로 유명한 팀 앨런이 우주 전사 버즈 역을 맡아 전편의 목소리를 그대로 담았다. 네 번째 장편 디지털 애니메이션 〈토이 스토리 2〉의 등장은 〈토이 스토리〉 이후 컴퓨터 기술의 발전 속도를 가늠해보는 좋은 기회가 되었다. 자연과학을 주로 다루는 미국의 과학 잡지 〈사이언티픽 아메리칸〉 마저 'Digital Humans Wait in the Wings' 라는 제목으로 디지털 엔터테인먼트 산업과 디지털 영화의 미래를 전망하는 칼럼을 실었고, 〈토이 스토리 1, 2〉를 만든 픽사 스튜디오의 기술 감독에게 '디지털 휴먼의 출현에 관한 전망'을 물었다. 도대체 〈토이 스토리 2〉는 〈토이 스토리〉보다 얼마나 더 멀리 나아간 것일까? 혹은 '배우 없는 영화 세상'에 얼마나 가까이 다가가 있는 걸까?

기술적으로 〈토이 스토리 2〉는 전작을 많이 앞질렀다. 전편에서 앤디와 그의 엄마 그리고 강아지는 장난감들보다 더 '인형' 같았다. 전편과의 연속성을 유지하기 위해 파격적일 순 없었겠지만, 〈토이 스토리 2〉에 등장하는 앤디와 그의 엄마 그리고 어느덧 커버린 개를 유심히 관찰해 보면, 외형과 움직임이 전편에 비해 많이 개선된 것을 발견할 수 있다. 픽사 애니메이터들은 전편과 자연스럽게 이어지도록 하기 위해 피부의 물리적 성질을 시뮬레이션하지 않고 전편처럼 'Surface Texture' 기법을 그대로 사용했다. 그러나 그들이 1997년에 발표한 단편 애니메이션 〈제리의 게임〉에 사용했던 'Subdivision Surface' 기술을 사용했다면, 더욱 정교한 인물이 등장했을 것이다.

특히 〈토이 스토리 2〉에 새로 등장하는 인물인 '앨'의 경우 움직임과 외모가 굉장히 인간적이다. 픽사 기술 팀이 개발한 '렌더맨 셰이더RenderMan Shader' 는 하루 종일 면도하지 않은 듯한 앨의 수염이나 피부의 검버섯, 작은 상처, 눈과 입가의 주름까지 사실적으로 표현해내고 있다.

주변 배경에 대한 묘사 수준도 상당하다. 특히 시내 중심가와 공항은 매우 공들인 흔적이 역력하다. CG 종합 잡지인 〈컴퓨터 그래픽스 월드〉에 정기적으로 칼럼을 기고하는 바버라 로버트슨[Barbara Robertson]에 따르면, 시내 중심가 묘사를 위해 추가된 데이터 양이 상당했다고 한다.

각 블록에는 열 그루 이상의 나무가 있고, 각 나무에는 수천 장의 잎이 흔들거린다. 모든 차에는 사람들이 타고 있고, 그 사람들은 수천 가닥의 머리카락을 갖고 있다. 거리에는 또한 건물, 쇠창살, 신호등, 그리고 주차시간 표시기들도 있다. 건물에는 먼지가 쌓인 수도꼭지와 창문들이 있다. 전편에서 366개의 주변 물체들이 사용된 데 비해, 〈토이 스토리 2〉에서는 연필에서 공항에 이르기까지 변형물을 포함하여 약 1200개의 모델이 사용되었다.

〈토이 스토리〉와 〈토이 스토리 2〉를 비교해보면, 그 4년 사이 디지털 기술의 발전은 '무어의 법칙'을 잘 충족하고 있는 것 같다. 무어의 법칙은 인텔의 공동 창업주인 고든 무어[Gorden Moore]가 1965년 처음으로 제시한 '마이크로칩에 저장할 수 있는 데이터의 양이 18개월마다 두 배씩 증가한다'는 법칙이다.

폴리곤[Polygon]은 다각형 모양의 그물 형태로서, 물체의 모양이나 움직임을 표현하는 기본 단위이다. 한 프레임당 폴리곤의 수는 그 화면의 사실성 혹은 복잡성을 측정하는 단위로, 한 프레임당 300만 개에서 1700만 개의 폴리곤을 사용했던 전편과는 달리, 〈토이 스토리 2〉에선 무려 4000만 개에 가까운 폴리곤이 사용됐다. 대체로 8000만 개 이상의 폴리곤을 사용하면 '사실'에 가까운 화면을 표현할 수 있다고 알려져 있다.

제작 기간이 더 줄어들었음에도 불구하고, 화면이 더욱 정교해졌다는 것은 그만큼 컴퓨터 속도가 빨라졌다는 의미다.

톰 행크스의 우디, 우디의 톰 행크스

그렇다면 컴퓨터 기술의 발전이 언젠가는 카메라를 대체할 것이란 말인가? 우리는 그 해답을 〈토이 스토리 2〉의 주인공 '우디'에게서 찾을 수 있다. 영화를 열심히 보다 보면, 앤디나 그의 엄마, 혹은 앨보다 더 인간적인 캐릭터는 '우디'라는 것을 알 수 있다. 우디는 '언젠가 자신의 주인에게서 버림받을 고물 장난감의 운명을 택할 것인가, 아니면 박물관의 유리창 안에서 아이들의 눈으로만 사랑받는 장난감 전시품이 될 것인가' 하는 존재론적 고민에 빠지는 장난감 역을 아주 리얼하게 '연기'해내고 있다. 많은 장면에서 그의 표정은 실제 '톰 행크스'를 연상케 한다.

실제로 〈토이 스토리 2〉를 제작할 때 애니메이터들은 우디의 움직임과 표정을 위해 톰 행크스를 참조했다. '톰 행크스'가 대사를 처리하는 모습을 모두 비디오로 녹화해두었다가 그때그때의 표정 변화를 우디에게 그대로 옮겨놓았다. 그의 다른 작품들까지 참조하기도 했다고 한다. 결국 '우디'는 컴퓨터로 만든 작은 '톰 행크스'였던 것이다.

우디뿐 아니라 다른 캐릭터의 모습이나 행동도 대부분 목소리의 주인공과 놀랍도록 유사하다. 목소리로 연기한 배우들의 얼굴을 잘 알고 있는 미국 관객들에게 〈토이 스토리 1, 2〉는 훨씬 재미있고 유머러스한 작품이었으리라. 〈토이 스토리 2〉를 공동 감독한 언크리치[Lee Unkrich] 역시

'장난감들의 복잡한 감정 변화와 캐릭터'에 중점을 두었다고 인터뷰에서 말한 바 있다. 이러한 특징은 드림웍스의 디지털 애니메이션 〈개미〉에 더욱 잘 드러나 있다. 만약 '우디 앨런'이라는 배우가 없었다면, 혹은 주인공 Z-4195에게 우디 앨런의 캐릭터를 담아내지 않았다면, 〈개미〉는 전혀 다른 영화가 됐을 것이다.

영화란 우리 삶 속에서 벌어지는 이야기들을 통해 인생의 본질을 드러내는 작업이다. 그러기에 등장인물들이 빚어내는 갈등과 고민, 사건과 대립에 반응하는 등장인물들의 캐릭터는 극을 이끌어가는 가장 중요한 힘이 된다. 《로미오와 줄리엣Romeo and Juliet》을 레너드 와이팅과 올리비아 허시가 연기하느냐, 리어나도 디캐프리오와 클레어 데인스가 연기하느냐에 따라 전혀 다른 영화가 되는 것처럼 말이다. 만약 관객들이 '작품을 나름대로 해석하고 개성적으로 연기하는 배우들'을 기대하지 않는다면, 늘 고민 없이 웃기만 하는 '미키마우스'와 쫓고 쫓기는 일에 일생을 바치는 '톰'과 '제리'에 만족해야만 할 것이다.

이제 '컴퓨터는 카메라를 대체하고 디지털 캐릭터는 배우들을 대신할 것인가?'에 대한 답을 해야 할 것 같다. 아마도 그러기 위해서는 모든 애니메이터가 배우가 되어 인물을 분석하고 디지털 캐릭터를 통해 '연기'하는 날이 와야 할 것이다. 실제로 픽사 스튜디오에서는 신규 채용에서 컴퓨터 실력이나 디자인 실력이 아닌 '연기 경력'으로 애니메이터를 뽑기도 했다지만, 아마도 진짜 '배우' 같은 연기를 담아내지 않고서야 디지털 캐릭터가 살아남긴 힘들 것이다. '디지털 메릴린 먼로'가 전 세계

남성들을 흥분케 하는 '컴퓨터 만능 시대'가 온다 할지라도 말이다. 톰 행크스가 없었다면 우디가 세상에 태어나지 못했듯이, 리처드 드레이퍼스의 바람대로 배우들과 디지털 캐릭터가 함께 일하는 시대는 앞으로도 계속될 것으로 보인다.

방사능에 대한
두려움이 낳은 돌연변이들

스파이더맨
The Spider-Man

미국 만화 주인공들의 고향은 어디일까? 아마도 미국 만화계의 양대 산맥이라 할 수 있는 'DC 코믹스'와 '마블 코믹스', 이 두 출판사가 '그들의 고향' 쯤 될 것이다. 두 만화 출판사는 지금도 영화나 TV 시리즈로 계속 만들어질 만큼 대중들에게 사랑받는 '영웅'들을 많이 탄생시켰다.

DC 코믹스가 만들어낸 대표적인 만화 주인공은 슈퍼맨과 배트맨, 그리고 원더우먼이다. 슈퍼맨은 크립톤이라는 외계 행성에서, 원더우먼은 버뮤다 삼각지 부근에 위치한 영생불사의 여인 왕국에서 태어났다. 그들은 늘 초인적인 힘으로 악당들과 싸우며 정의를 수호하고, 시민들을 보호한다. 배트맨 역시 부모가 뒷골목에서 총에 맞아 죽는 모습을 목격하고는 고담 시의 평화를 위해 범죄자들과 싸우기로 결심한다. 그는 최신식 자동차와 막강한 무기로 범죄자들과 싸운다.

　DC 코믹스의 주인공들은 항상 멋진 폼으로 가뿐히 악당을 치치하는 절대적 영웅인 반면, 마블 코믹스가 만들어낸 주인공들은 왠지 인간적인 연민이 느껴지는 인물들이다. 마블 코믹스의 대표적인 만화 주인공은 헐크와 스파이더맨. 이들은 둘 다 방사능 물질의 희생자들이다.

영웅이 되어버린 돌연변이 소시민들

　〈헐크The Incredible Hulk〉는 1962년 5월 마블 코믹스 사의 시리즈물로 처음 탄생했고 1977년부터 5년간 TV 연속극으로 만들어져 폭발적인 인기를 끌었다. 데이비드 브루스 배너 박사는 실험 도중에 '감마 방사선'에 노출되는 사고를 당한 뒤, 215센티미터의 흉측한 괴물 인간 '헐크'로 변하게 된다. 그 후로 그는 극도로 분노하거나 스트레스를 받으면 자신도 어쩔 수 없이 녹색의 거대한 근육질 거인으로 돌변하는 운명에 처하게 된다. 게다가 자신이 헐크로 변해 있는 동안 했던 일은 기억조차 하지 못한다. 정신이 돌아오고 나면 남는 것은 갈기갈기 찢어진 누더기 같은 옷뿐이다. 팬티만 빼고.

배너 박사는 자신이 사망한 것처럼 위장한 뒤 방랑의 길을 떠나지만 아내를 죽였다는 누명을 쓰고 맥기 기자에게 쫓기는 신세가 된다. 헐크로 변해서 간악한 무리들을 해치우는 한바탕 소동이 벌어진 후 맥기 기자를 뒤로한 채 다시 먼 길을 떠나는 장면으로 TV 시리즈는 매회 아쉽게 끝을 맺는다. 헐크는 '인간의 폭력적이고 동물적인 본성이 형상화된 존재'로 곧잘 해석되곤 한다. 그러나 헐크는 언제나 악당을 물리치고 문제를 해결하고는, 조용히 배너 박사의 모습으로 돌아온다. 이 드라마에선 인간의 동물적인 폭력성이 예외적으로 선하게 그려져 있다.

〈스파이더맨〉은 1977년 TV 영화로 처음 만들어진 후 1978년부터 2년간 TV 시리즈로 방영됐으며, 다시 영화로 만들어졌다. 스파이더맨의 본명은 피터 파커다. 고등학교 시절에 방사능에 오염된 거미한테 물리는 바람에 거미 인간으로 변하게 됐다. 평소에는 〈데일리 버글〉의 사진기자로 일하지만 범죄자들과 맞닥뜨릴 때는 초인적인 능력을 발휘한다. 벽에 달라붙어 걸어다닐 수도 있고 거미줄을 타고 건물 사이를 타잔처럼 건너다니기도 한다. 그는 항상 거미 특유의 동물적인 초감각과 엄청난 완력으로 범죄자들을 물리친다. 검은색 거미줄이 새겨진 특유의 스판 타이즈를 입고.

영화에 담긴 방사능에 대한 두려움을 읽다

헐크와 스파이더맨의 공통점은 '방사능 물질'에 의해 비정상적인 운명과 마주하게 됐다는 점이다. 방사능 물질이란 우라늄이나 토륨과 같

헐크와 스파이더맨의 탄생에는 방사능에 대한
인간들의 집단적 공포와 불안이 깔려 있다.

이 방사선을 방출하는 물질을 말한다. 이러한 물질들은 원자 구조가 매우 불안정해 자발적으로 방사선을 방출하면서 다른 원자로 전환되는데, 이 때 방출되는 방사선 중에 하나가 '감마선'이다. 감마선은 방사능 물질이 알파선이나 베타선을 내고 붕괴한 직후, 일시적으로 들뜬 상태에 있는 원자핵이 안정된 에너지 상태로 돌아올 때 방출된다. 감마선은 세포의 조직을 손상시키거나 정상적인 활동을 막고, 유전자의 돌연변이를 유발하기도 하는 등 X선보다 에너지가 크고 투과율도 높기 때문에 위험하다(감마선이 때로는 유용하게 이용될 때도 있다. 뇌종양이나 파킨슨병 환자의 뇌 손상 부위를 정교하게 절단해야 하는 경우, 칼(감마 나이프)처럼 이용되기도 한다).

그러나 방사선을 쬐면 헐크가 된다든지, 방사능에 오염된 거미에 물리면 스파이더맨이 된다는 설정은 어떠한 근거도 없다. 이러한 설정은 아마도 방사능 물질이 우리가 예측하거나 제어할 수 없는 끔찍한 결과를 초래할 수 있는 물질이라는 데서 기인한 것 같다. 스리마일 섬 사고나 체르노빌 원자력발전소 사고가 얼마나 불행한 결과를 초래했는지 우리는 잘 알고 있지 않은가? 방사능을 쬐이면 어떤 일이 벌어질지 모르기 때문에, 영화에 필요한 황당한 상황 설정을 그럴듯하게 만들어주는 과학적인 장치로 이용되고 있는 것이다.

SF 영화사에 최고의 걸작으로 손꼽히는 〈놀랍도록 줄어든 사나이^{The Incredible Shrinking Man}〉 역시 방사능에 노출된 후 계속 작아져 벌레만 해진 사람의 이야기를 다루고 있다. 몸집이 작아진 주인공은 아내와 사랑할 수도 없고, 집에서 기르던 고양이에 쫓기기도 하고, 벌레와 목숨 걸고 싸워야만 하는 자신의 신세에 심하게 비관하지만, 결국 인간은 여전히 이 거대한 우주에 비하면 하찮은 존재이면서 동시에 위대한 존재라는 사실을 깨닫게 되는 장면으로 끝을 맺는다. 카프카식 세계관을 보여준 이 작품에는 그 영향을 가늠하기 힘든 방사능에 대한 혹은 과학기술에 대한 공포와 불안이 깔려 있다.

방사능이나 원자력에 대한 공포를 좀 더 현실적인 사건을 통해 다룬 영화들도 있다. 〈실크우드Silkwood〉와 〈차이나 신드롬The China Syndrome〉 등이 그것이다. 특히 〈차이나 신드롬〉은 많은 과학자들에게 큰 반향을 일으킨 작품이다. '차이나 신드롬'은 중국의 원자력발전소에 문제가 생기면 그 피해가 지표를 뚫고 지구 반대편인 미국에까지 영향을 미치게 될 것이라는 미국인의 집단 공포를 의미한다.

미국의 한 원자력발전소에서 중대한 사고가 발생하면서 영화는 시작된다. 사태는 겨우 수습되지만, 이러한 과정이 우연히 취재 나온 기자들에 의해 촬영되면서 문제는 커지게 된다. 주인공인 여성 기자와 카메라맨은 국가와 원자력발전소 측으로부터 위협받지만, 그들의 음모에 맞서 싸운다는 내용이다.

원자력발전이 과연 안전한가 또는 그렇지 못한가에 대해서는 많은 주장들이 있다. 시민 단체 혹은 여러 분야의 학자들은 여전히 원자력발전의 안전성을 의심하고 있으며, 그것이 미래형 에너지로 적합한가에 대해서도 회의적이다. 원자력발전 기술을 개발하는 데 들었던 연구비를 대체에너지를 개발하는 데 사용했더라면 지금쯤 훨씬 안전하고 자연친화적인 에너지를 개발했을 것이라고 주장하는 학자들도 있다.

이러한 문제는 우리에게 특히 중요하다. 왜냐하면 우리나라는 전 세계적으로 원자력발전소를 계속 유지하고 건설하고 있는 몇 안 되는 나라 중의 하나이기 때문이다. 어쨌든 원자력발전이 아무리 안전하고 에너지 효율이 높다고 하더라도 끊임없이 에너지 소비를 부추기는 삶의 형태가 개선되지 않는 한, 어떠한 대체에너지도 우리의 요구를 충족시켜주기는 힘들 것이다.

미친 과학자가 만드는 디스토피아

배트맨 포에버
Batman Forever

　　연작 만화 〈슈퍼맨〉의 인기가 하늘로 치솟고 있던 1939년, 밥 케인Bob Kane에 의해 또 다른 SF 만화 〈배트맨〉이 탄생되었다. 배트맨의 힘과 능력 또한 대단한 것이어서, 때로는 슈퍼맨을 능가할 정도였다. 만능 벨트 안에 그가 스스로 발명한 갖가지 장치들은 기상천외하여, 그가 그것들을 이용해 악당들을 쳐부술 때면 독자들은 통쾌하다 못해 절로 탄성을 지르곤 하였다.

실제로 〈배트맨〉은 그 당시 대단한 반향을 일으켰고, 그의 인기는 아직도 끝나지 않고 있지만, 그래도 〈슈퍼맨〉의 인기에는 미치지 못했다. 왜냐하면 배트맨은 보통 인간에 불과하기 때문이다. 브루스 웨인이 그의 정체이며, 배트맨은 그의 가면일 뿐이다. 슈퍼맨의 경우, 클라크 켄트가 그의 가면이고, 그는 실제로 슈퍼맨이다. 우리를 안전하게 보호해줄 수 있는 막강한 힘을 갈구하는 독자들에게 아마도 슈퍼맨은 더욱 믿음직스런 존재였을지도 모른다.

그러나 〈배트맨 포에버〉를 보면서, 어쩌면 21세기에는 우리에게 정말로 배트맨이 필요하게 될지도 모르겠다는 생각을 해보았다. 그것은 배트맨의 늠름한 모습 때문이 아니라, 그가 맞서 싸우게 되는 악당들의 모습 때문이었다.

과학은 야비해지지 않을 수 있는가

짐 캐리가 연기하는 악당 에드워드 니그마는 배트맨의 다른 얼굴인 브루스 웨인이 경영하는 웨인 엔터프라이즈에 고용된 과학자다. 그는 텔레비전 주파를 뇌파와 연결시켜 시청자가 텔레비전 주인공이 되는 홀로그램 장치를 개발하자고 브루스 웨인에게 동업을 제안한다. 인간의 뇌를 이용해 돈을 벌려는 니그마의 제안에 대해 너무 비인간적이라고 웨인이 거절하자, 니그마는 독기를 품고 뇌파 기계를 독자적으로 개발하는 데 성공한다. 그리고 그의 복수심은 곧바로 무서운 집착 증세로 돌변하여 우선 자신을 알아주지 않은 직속 상사를 고층빌딩에서 죽이고, 한때 자신이 우상으로 여겼던 브루스 웨인을 복수의 표적으로 삼는다. 자신의 제안을 거절한 웨인을 향해 "천재를 몰라보다니 후회할걸"이라고 되뇌는 니그마의 음습한 복수심 속에는 세계를 지배하려는 야욕 또한 담겨 있다.

악당 니그마는 SF 영화에 자주 등장하는 여느 악당들과 크게 다르지 않다. 대개의 경우, 그들은 탁월한 과학자이지만 외골수적인 기질로 인해 합리적인 주류 세계에서 밀려나게 되고, 그 복수심으로 테크놀로지의 위용을 통해 세계를 지배하려는 야욕을 부린다. "이 기계만 완성되면 세계는 내 것이다"라고 떠벌리는 악당들의 망상은 기술의 쟁취를 통해 세계를 지배하려는 '기술제국주의'적 편집증의 증세와 다르지 않다.

사실 이러한 SF 악당들의 등장은 어제오늘의 일은 아니다. 세계를 지배하려는 악당들과 이에 맞서 싸우는 정의의 사도는 영화와 소설의 단골 메뉴인 것이다. 하지만 서구 열강들의 테크놀로지 쟁탈전을 보고 있노라면, 새삼 '기술제국주의'라는 말이 소름 끼치는 전율로 다가온다. 그러니 이젠 좀 더 진지하게 SF가 다루는 기술제국주의의 실체를 알아볼 필요가 있다.

SF 영화가 경고한 위험한 미래

우리는 SF를 왜 보는 것일까? 아이작 아시모프는 SF를 '과학의 발전이 인간에게 미치는 영향을 다루는 장르'라 하였다. 그것은 과학기술이 인간에게 미치는 영향력이 날로 증가되는 요즘을 생각해보면 매우 설득력이 있다. 우리는 SF를 통해 아직 실현되지 않은 미래의 우리 모습을 그려본다. 그리고 때로는 고도의 과학 문명이 제공해줄 혜택들을 상상해보기도 하고, 또 그 속에서 우리의 진실한 모습을 탐구하기도 하며, 곧 닥칠지도 모르는 핵전쟁 같은 재난을 근심하기도 한다. 때문에 우리는 SF가 보여주는 유토피아적인 환상에 들뜨거나, 디스토피아적인 경고에 불안해하기보다는, SF의 복합적인 서사 구조에 가리워진 미래 사회의 갈등 원인을 파악하고 모순 구조를 파헤치는 데 주목해야 할 것이다.

그렇다면 SF 작가와 감독은 무엇을 근심하는 것일까? 19세기에 마르크스는 자본을 가진 자의 횡포를 근심하였다. 대량생산이 가능한 산업사회에서 자본이 중요한 생산요소가 되면서, 그것을 가진 자는 그렇지 못한 자를 고용하고 착취하여 그들을 소외되고 비인간적인 삶을 살 수밖에 없는 상황으로 내몬다. 찰리 채플린의 〈모던 타임스〉에는 거대한 시계 같은 산업사회에서 톱니바퀴 같은 부품으로 전락해버린 인간들의 소외된 삶이 풍자적으로 그려져 있다. 나사만 보면 펜치로 돌리는 기술공이 여자 젖꼭지를 보고는 기어코 펜치로 돌리고 마는 장면은 웃음을 넘어선 쓸쓸함이 있다. 이렇게 산업사회에서 자본은 생산의 한 요소의 의미를 넘어, 사람들의 삶을 규정짓고, 또 그들을 소외된 존재로 전락시키는 결과를 낳은 것이다.

SF 작가와 감독들은 '자본'이 누려왔던 비정상적인 지배 도구로서의 역할을 '기술'이 물려받지는 않을는지 걱정하고 있다. 과학과 기술의 진보가 사람들의 삶을 더욱 풍요롭게 할 것이라는 믿음은 매력적이기는 하지만, 때론 순진한 망상처럼 보인다. 기술의 발전이 가져다준 편리한 생활 이면에는 바로 그 기술의 배려로 인해 생긴 기술 외적인 것들의 파괴와, 기술을 가진 자들이 노리는 일상생활의 독점과, 사회 통제를 위한 코드화의 위험이 도사리고 있기 때문이다. 우리는 그러한 기술 지배의 논리가 낳게 될 모순 상황의 극한을 SF 영화를 통해 유추해볼 수 있는 것이다.

기술제국주의, 악당의 실체

〈배트맨 포에버〉에서 에드워드 니그마는 바로 그러한 기술제국주의 편집증 환자의 전형적인 예다. 그의 익살스런 표정 연기 뒤에 감추어진 기술편집증의 욕망을 따라가보면, 그것이 기술의 독점으로 세계를 지배하려는 제국주의의 표상임을 알 수 있다. 기술제국주의를 꿈꾸는 니그마가 화려하고 괴이한 모습의 악당 리들러로 변신한 것 역시 일관된 편집증 증상에서 연원한다. 리들러는 협박성 수수께끼를 웨인의 회사와 집에 연신 보내는데, 이러한 행위도 웨인이 찾아간 범죄심리학자인 체이서가 말하듯이 살인적인 광기와 병적인 집착 증세에서 비롯된 것이다.

기술편집증은 순진한 집착 증세만을 보이는 개인적 광기 정도로 그치는 것이 아니다. 그것은 반드시 어떤 악의 세력과 연계되어, 스스로가 집단을 이끌거나 아니면 결탁하게 된다. 니그마는 후자를 택하는데, 천하의 악당 투페이스와 손을 잡고 그가 강탈한 금품을 밑천으로 뇌파 기계를 대량생산하게 된다. 이때 편집증 과학자 니그마와 악당 물주 투페이스와의 만남은 과학과 자본의 잘못된 만남을 우화적으로 시사한다. 또한 그것은 소름 끼치는 기술제국주의의 현실을 희화할 뿐 아니라, 개인의 편집증이 어떻게 집단적 제국주의 욕망으로 흐르는지에 대한 단적인 예가 된다.

니그마와 투페이스는 특정 대상에 대해 엽기적인 집착 증세를 보이고 있다는 점에서 동일하다. 투페이스는 배트맨에게, 니그마는 브루스 웨인에게이지만, 사실 목표물은 하나이다. 이것은 이 두 주체의 편집증이 동일하다는 것을 보여주는 대목이다.

니그마의 공격 대상은 물론 자신을 저버린 브루스 웨인 한 사람에게만 있는 것은 아니다. 그의 최종 목표는 라이벌 브루스 웨인의 자본을 선점한 후, 뇌파 기계를 통해 엄청난 돈을 버는 것뿐만 아니라 수많은 사람들의 뇌파를 흡수해 자신이 거대한 정보 독재자가 되는 데 있다. 뇌파 기계를 애용하면서 대중들이 홀로그램에 빠져 있는 사이, 그는 그 뇌파를 집적할 수 있는 중앙 테이블에 앉아 회심의 미소를 띠며 거대한 기술적 파우스트를 욕망한다. 그것이 바로 기술편집증이 가고자 하는 제국주의의 최종 지점인 것이다.

실제로 기술편집증 환자들의 제국주의적 욕망은 인간들의 삶의 구석구석을 자신들의 논리에 따라 지배하려는 프로그램으로 구체화된다. 이러한 예는 〈데몰리션 맨〉의 과학자 콕도가 주장하는 기계적인 행동공학론이나, 〈로보캅 3〉의 일본 다국적기업인 카네미스 사가 펼치는 맹목적인 도시 재개발 프로젝트에서도 볼 수 있다. 그들은 이러한 프로그램을 통해 자신들이 만든 법칙과 환경에 따라 개인들을 지배하고 획일화하려한다. 그러므로 우리가 마땅히 경계해야 할 것은 과학기술 자체라기보다

'자본' 이 누려왔던
비정상적인
지배도구로서의 역할을
'기술' 이 물려받는 것은
아닐까?

는 과학기술을 통해 세상을 지배하려는 기술제국주의 이데올로기인 것이다.

여기서 우리가 다시 주목해야 할 점은 SF 영화에서 이러한 갈등이 대개 어떤 방식으로 극복되느냐 하는 점이다. 니그마와 투페이스 같은 기술제국주의자들의 횡포를 막기 위해서 우리에겐 단지 배트맨이 절실히 필요한 것일까? 기술로 세계를 지배하려는 악당들과 정의의 사도라는 대결구도로 미래 사회의 갈등 구조를 대변한다면, 그것은 또 다른 위험을 내포하게 된다. SF 영화가 선과 악의 이분법이나 어설픈 휴머니즘이라는 통속성에서 벗어나서, 미래 사회의 제도적 틀 안에서 기술제국주의적 욕망을 봉쇄하고, 인간의 소외를 막을 수 있는 비전을 제시한다면 우리에게 더욱 유익할 것이다. 비록 재미는 덜하겠지만……

영화 〈배트맨 포에버〉는 악당 니그마가 정신병원에 감금되는 장면으로 끝을 맺음으로써 기술편집증 환자의 말로를 보여준다. 그러나 기술편집증의 근원이 어디 개인의 망상뿐이겠는가! 그 근원은 광기 어린 개인의 망상이나 편집증에 있다기보다는, 맹목적인 기술에 의존하는 거대 사회의 구조에서 파악할 수 있을 것이다.

그 자체로는 가치 중립적인 과학기술의 막강한 힘을 우리는 과연 어떻게 써야 할 것인가? 과학의 발전으로도 쉽게 답할 수 없는 질문이다.

유너바머와 네오 러다이트 운동,
과학기술을 반대하다

SF 영화 중에는 불행한 미래 사회를 배경으로 한 영화들이 유독 많다. 영화 〈터미네이터〉는 컴퓨터가 반란을 일으켜 인간들을 지하 세계로 내몰고 전쟁을 일으키는 미래로부터 시작된다. 〈워터월드〉는 지구 온난화로 인해 물바다로 뒤덮인 지구가 배경이다. 〈매드 맥스^{Mad Max}〉의 배경 역시 핵전쟁 이후 폐허가 된 미래 사회다. SF 영화 속에 펼쳐진 끔찍한 미래에서 우리가 겪게 될 불행의 근원은 모두 과학기술에서 비롯된다. 걷잡을 수 없는 환경오염, 대량소비로 인한 자원 고갈, 기계 문명이 가져다준 비인간적인 사회, 인간 정서의 황폐화, 개인주의 만연과 사회 윤리의 부재, 핵전쟁의 공포 등 산업사회의 모든 폐해 속에는 과학기술이 그림자처럼 숨어 있다. 과연 과학기술에 인류의 미래에 대한 희망이 있는 걸까?

'유너바머^{Unabomber}'라 불리는 폭탄 테러범은 과학기술에는 희망이 없다고 단호하게 말한다. 그는 과학기술에 반대하고 인간성 회복을 주장하면서 1978년부터 18년 동안 '경고성 폭탄 테러'를 자행했다. 1978년 5월 미국 일리노이 주의 노스웨스턴 대학을 시작으로 1995년 4월 캘리포니아 주에 사는 한 목재업계 로비스트를 살해하기까지, 미국 전 지역에서 16차례의 폭탄 테러를 자행해 세 명을 살해하고 23명을 부상케 했다. '유너바머'라는 이름은 그가 컴퓨터, 유전공학 등 첨단 분야 연구자들이 많은 대학(University) 항공사(Airline)만을 골라 폭탄 테러를 저질렀기 때문에 FBI가 붙인 이름이다.

그는 과학기술에 기반을 둔 산업사회는 개인의 자율성을 박탈하고 집단의 통제와 군사력을 확대하기 위해 존재한다고 말했다. 따라서 인류는 '최소한의 기술'

만을 소유해야 하며, 공장들은 파괴돼야 하고, 모든 기술 서적은 불태워져야 한다고 주장했다. 그는 〈워싱턴 포스트〉와 〈뉴욕 타임스〉에 자신이 쓴 선언문을 게재할 것을 요구하면서, 3개월 내에 선언문을 게재하지 않으면 폭탄 테러를 계속하겠다는 협박을 하기도 했다. 최종 시한 5일을 남겨두고서 게재된 이 선언문(3만 5000자)에서 유너바머는 반기술과 인간성 회복을 역설하며 과학기술 문명에 저주를 퍼부었다.

1996년 4월, FBI의 집요한 추적 끝에 '유너바머' 시어도어 카진스키^{Theodore} ^{Kaczynski} 교수가 자신의 오두막에서 체포됐다. 놀랍게도 그는 하버드대를 나와 당시 버클리대 수학과 교수로 재직 중이었다. 그의 오두막은 영화 〈흐르는 강물처럼〉의 무대인 몬타나 주의 블랙풋 강가에 자리하고 있는데, 그는 그곳에서 전기, 수도, 전화도 없이 문명을 등진 채 혼자 은둔 생활을 하며 반문명 테러를 벌여왔던 것이다. 그는 법정에서 사형을 면하는 조건으로 자신의 모든 죄를 인정했다.

일부에선 그의 반문명 선언과 우편 테러를 19세기 초 러다이트^{Luddite} 운동에 빗대며 '현대 물질주의에 대한 피의 경종'이라고 평가하기도 한다. 러다이트운동이란 1811년 11월부터 1813년 1월 사이 15개월 동안 새로운 직조 기술의 도입을 저지하고자 했던 직조공들이 1200대의 직조 기계를 때려 부수면서 항거한 데서 비롯된 기계 파괴 운동이다. 최근에는 컴퓨터로 대표되는 기술지상주의를 반대하여, 미국에서 컴퓨터를 파괴하는 네오 러다이트$^{Neo\ Luddite}$ 운동이 부활하기도 했다.

과연 과학기술은 우리의 삶을 황폐하게만 만들 것인가? 진정 과학에는 희망이 없는 걸까? 유너바머의 주장은 과학기술에 대한 지나친 비약을 포함하고 있어 때론 자기모순적으로 비쳐지기도 하지만, 기술지상주의 사회로 치닫고 있는 현대 사회의 안일함에 대한 엄중한 경고이기도 하다.

물리학자는 영화에서 과학을 본다

초판 1쇄 발행 1999년 6월 14일(동아시아)
개정판 1쇄 발행 2002년 4월 19일(동아시아)
개정 2판 1쇄 발행 2012년 7월 18일
개정 2판 13쇄 발행 2022년 4월 4일

지은이 | 정재승
발행인 | 김형보
편집 | 최윤경, 강태영, 이경란, 양다은, 임재희, 곽성우
마케팅 | 이연실, 김사룡, 이하영
디자인 | 송은비
경영지원 | 최윤영

발행처 | 어크로스출판그룹(주)
출판신고 | 2018년 12월 20일 제 2018-000339호
주소 | 서울시 마포구 양화로10길 50 마이빌딩 3층
전화 | 070-8724-0876(편집) 070-8724-5877(영업) 팩스 | 02-6085-7676
e-mail | across@acrossbook.com

만든 사람들
편집 | 이경란, 김류미
교정교열 | 이원희